新编农技员丛书

茄果类蔬菜生产配套技术手册

屈小江　主编

U0314997

中国农业出版社

图书在版编目（CIP）数据

茄果类蔬菜生产配套技术手册/屈小江主编．—北京：中国农业出版社，2013.1
（新编农技员丛书）
ISBN 978-7-109-17478-8

Ⅰ.①茄… Ⅱ.①屈… Ⅲ.①茄果类—蔬菜园艺—技术手册 Ⅳ.①S641-62

中国版本图书馆 CIP 数据核字（2012）第 301563 号

中国农业出版社出版
（北京市朝阳区农展馆北路 2 号）
（邮政编码 100125）
责任编辑 石飞华

北京中兴印刷有限公司印刷 新华书店北京发行所发行
2013 年 3 月第 1 版 2013 年 3 月北京第 1 次印刷

开本：850mm×1168mm 1/32 印张：8.25
字数：210 千字 印数：1～4 000 册
定价：18.00 元
（凡本版图书出现印刷、装订错误，请向出版社发行部调换）

主　　编　屈小江
编写人员　屈小江　潘绍坤　杜晓荣

目　录

第一章

茄果类蔬菜保护地育苗

在气候不适宜蔬菜育苗的季节，利用人工设施设备，创造适宜的环境条件进行蔬菜育苗，如阳畦（冷床）育苗、酿热温床育苗、电热温床育苗，皆是保护地育苗。

我国北方地区茄果类蔬菜春早熟栽培的育苗期正值寒冬低温时期，必须利用保温性能好的育苗床。茄果类蔬菜越冬栽培育苗初期外界温度尚高，但仍应在保护设施内进行，以增强秧苗的适应性。

我国南方夏季气温高，常有台风、暴雨，大大影响春夏蔬菜的生长和发育。加之5～6月气温逐渐升高，雨水增多，土壤湿度和空气湿度皆大，易导致茄果类蔬菜病害发生，如晚疫病、青枯病、病毒病等，对蔬菜生长极为不利，且产量也不稳定。为了避免高温伏旱等不良因素的影响，争取茄果类蔬菜有更长的生长季节，减少病虫为害，应适时提早育苗，即冬末春初育苗。但这时气温太低，不宜秧苗生长，因此必须进行保护地育苗。

保护地育苗设施的种类很多，如酿热温床、草围温床、冷床、塑料大棚、火窖子、电热温床等，这里仅将我国南北方常用的酿热温床、草围温床、水暖加温苗床、电热温床、阳畦、塑料大棚冷床育苗技术介绍如下。

第一节　温床育苗

温床是一种比较简易的育苗或栽培设施，除具有阳畦的防寒保温设备以外，还利用酿热物、电热线或水暖加温设备等来补充日光加温的不足。在寒冷季节或地区，或冬春光照条件较差的地区，可用作培育蔬菜幼苗和栽培蔬菜，中国南北各地均有应用。目前应用比较普遍的为酿热温床、水暖温床及电热温床。

一、酿热温床（半地上式温床）育苗

（一）温床的设置及结构

1. 设置　温床是在冬季和早春寒冷季节使用，为了达到充分利用阳光，防寒保温，减少寒风侵袭，温床应在设置在地势高燥、避风、向阳、排水良好的地方，以充分利用太阳的热能，减少热能损失，使幼苗生长健壮。床位应坐北朝南，东西走向。

2. 结构　温床结构由床框、床坑、窗盖及覆盖物组成（图1-1）。

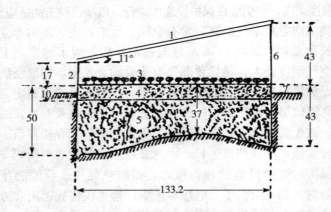

图1-1　酿热温床剖面图（单位：厘米）

1. 玻璃窗或薄膜　2. 前框　3. 幼苗　4. 培养土

5. 酿热物　6. 后框　7. 地平线

（1）**床框**　温床的床框就地取材，可用土或砖、石、水泥、木材等构成，其床框是前框较后框低，使盖在上面的玻璃或塑料薄膜呈一定的倾斜度，增大太阳光线的投射角，以减少日光反射的损失。四川盆地一般采用前框高17厘米、后框高43厘米，形成的床面倾斜角为 11°，既能较充分地利用日光，又能缩小床内空间，减少热量的散失，效果较好。

（2）**床坑** 床坑是填放酿热物的，长宽与床框相同，单斜面式温床的床坑应为南深而北浅，周围较深而中央较浅，床底偏北1/3 处凸起略呈一龟背形，因为床坑四周与外界接触，酿热物的热量易散失，温度低，所以宜深，可多装酿热物。床框坐北朝南，北面接受太阳较多，温度易升高，故北侧宜浅，少装酿热物。南侧因床框挡着太阳，温度较低，应较北侧深，以多装酿热物。中央温度较高故宜浅，少装酿热物，这样床面各处温度才会均匀一致。其具体深浅，因所用酿热材料而异（表 1-1）。假植床因在春后使用，使用的时间较短，且气温已开始回升，酿热物用量减少，床坑深度也应随之宜浅。

表 1-1 不同酿热物材料的床坑深度

主要酿热物	床坑深度		
	南侧（厘米）	中部（厘米）	北侧（厘米）
以干牛粪为主	67	50	60
以干马粪为主	60	43	50

（3）**窗盖及覆盖物** 窗盖是盖在床框上的保温透光装置，为了保持床内的温度和让阳光透入，一般均用透明物——玻璃或薄膜做成。由于塑料薄膜质地柔软、坚固耐用、成本低廉、耐酸耐碱、使用轻便，适宜于作各种类型保护地的覆盖材料，目前在蔬菜育苗及栽培上广泛使用。

（二）**酿热物**

凡通过微生物作用而能发生热量的材料称酿热物。微生物分解酿热物中的有机质而放出热能。这些微生物种类很多，而以适宜于 20～30℃的好气性细菌为主。微生物分解纤维素其半腐烂期约 40 天，40 天中发热可维持 20～30℃，这种温度正适合育苗之用。常用的酿热物是稻草、牛马粪、稿秆、落叶、青草、菜脚叶、垃圾等。酿热物发酵良好的条件是：碳、氮比例在（20～30）∶1，含水量在70％左右，适量的氧气。碳、氮比例主要在材料配搭和人粪尿上调剂，氧气从踩床松紧上掌握，水分根据材料干湿合理加水。酿热物的填放时间，应以蔬菜在露地定植时间和育苗期的长短而定。我国西南地区茄果类蔬菜一般在3月上中旬左右露地定植，而育苗期需60～70天，依此可计算播种期和填酿热物的时间。一般于12月下旬踩床播种，酿热物应于播种前1周填入。

踩床前，将过长的酿热材料切成10～17厘米长的段，配搭的几种酿热材料应充分混合，混匀后堆3天。踩床时，一般宜先在床外将酿热材料一边泼新鲜人畜粪尿，一边用齿耙把粪水与材料混合均匀，材料泼粪水后干湿的程度掌握在用手捏能挤出水珠而不滴下为度，然后分两批轻踩入床内，厚约33厘米，四周扎紧后，覆盖玻璃窗或薄膜。踩后4～6天，酿热物发酵升温达40～60℃以上。若踩后不发热以应检查原因：水分是否不匀，材料中有的过干或过湿；踩床是否过紧，以致氧气不足，分解纤维的好气细菌不易活动；材料的碳氮比是否恰当等。根据原因对酿热物进行调节。以酿热物先轻踩升温后再踩紧达到轻踩不下陷为度，厚23厘米左右。踩得松发热快，但不持久，所以发热后应再调节松紧程度。

在冬末春初时播种茄果类蔬菜，床面为4米×1.33米，常用酿热物的配合量如下：

以干牛粪为主的配合量：干牛粪600千克，稻草50千克，锯木屑200千克，新鲜人粪尿500千克，水600千克，熟石灰粉16千克。

以干马粪为主的配合量：干马粪500千克，稻草100千克，新鲜人畜粪尿200千克，水200千克。

以新鲜马粪为主的配合量：新鲜马粪750千克，稻草100千克，新鲜人粪尿400千克，水450千克。

酿热物的酸碱度应以中性为好，如过酸应加石灰粉施于酿热物中及其表层以中和酸性，并防止牛粪菌发生，冲破土表。

（三）培养土

要求疏松肥沃、保水保肥、排水透气良好以及不带病菌的土壤作培养土，一般可用腐熟堆肥、水稻田土、草木灰、过磷酸钙等拌和而成。为了避免苗床内病害发生，对培养土应进行消毒。可用高锰酸钾 50 克加水 25 千克（1∶500），于播种前 1 周，用喷雾器喷培养土，喷后用薄膜盖严进行消毒。播种前 2～3 天敞开通气，待药味挥发完后再填入床内。培养土厚度为 8～10 厘米。太薄影响根系生长，太厚也不利传热，床温低。

二、草围温床（地上式温床）育苗

草围温床是用稻草编成床框的温床。由四川新都县新繁镇创始，已有 100 多年的历史，为成都地区冬末春初培育茄果类秧苗所采用（图 1-2）。

图 1-2 草围温床

草围温床长 10 米、宽 1.6 米、高 0.67 米、草围厚约 0.17 米。设置时按床面大小在四角先打木桩，在桩上捆竹竿，在竹竿上编草围。草围温床内床笆是由竹竿扎成的，其大小以放进床内为度。在床笆上放稻草，稻草上放培养土。上面搭成屋脊形架子，架上盖草席，席上再盖茅扇，以防霜冻。

草围温床采用活动床笆，育苗时，把床笆放在酿热物上，当床温过高过低时，可把床笆子抬下进行调节，操作方便。温度过高可把酿热物踏紧一点，反之可把松酿热物或更换酿热材料。

由于全床踏入的酿热物厚度一致，床四周散热快，温度低，而床中心散热少，温度高，致床温不均匀。又因没有透明的玻璃窗，天寒阴雨之时，须盖上茅扇，光照条件较差。

为了保持草围温床的优点，克服缺点。近年来，成都市龙泉驿区、新都区的农民在育苗设施和育苗技术上进行了革新。如在育苗设施上，引进了保温透光的塑料薄膜遮盖床顶，既防水保温，阴天也增加光照，较玻璃窗轻便。温床四周散热快，则通过添加酿热物加以克服。在育苗技术上，将茄子播种时间由原先的11月至12月底提前到10月初，既利用了酿热材料产生的生物热量，也利用了晚秋余热。这一革新使草围温床的利用率更高，不仅培育长龄大苗供早熟栽培用，而且也培育母秧（小苗）供分级育苗。

三、水暖加温苗床育苗

用于温室的采暖方式主要是热水采暖。在温室中以水为热媒的采暖系统为热水采暖系统。热水采暖系统由提供热源的锅炉、热水输送管道、循环水泵、散热器以及各种控制和调节阀门等组成。该系统由于供热热媒的热惰性较大，温度调节可达到较高的稳定性和均匀性，与热风采暖和蒸汽采暖相比，虽一次性投资较多，循环动力较大，但热损失较小，运行较为稳定。一般冬季室外采暖设计温度在−10℃以下且加温时间超过 3 个月者，常采用热水采暖系统。我国北方地区的大型连栋温室大都采用热水采暖（大型连栋温室的应用不在本书的讨论范围内，此处从略）。

在南方由于冬春不大寒冷，常采用简易水暖加温系统为苗床加温，以降低建设和使用成本。整个简易水暖加温设施由塑料大棚及简易锅炉、热水输送管道、循环水泵构成。

塑料大棚面积一般宽为 6 米，设 2 个宽 2.5 米的苗床，长约 25 米，面积 150 米²，可用钢架大棚或竹架大棚。每个大棚的一端设置一个简易锅炉。简易锅炉高约 1.2 米（铁皮烟囱高约 3 米）。简易锅炉炉身由红砖砌成，锅炉由钢板焊接，为提高热效率，可在炉体外面包上旧棉絮保温，旧棉絮外再包上塑料薄膜防雨。锅炉的圆形的加温水箱，可装 0.5 米³ 左右。水箱上有进出水口各 1 个，与热水输送管道相连。热水输送管道可采用直径 2～2.5 厘米的 PVC 管，在每个苗床上布管八根，形成循环的回路，接入锅炉的水箱。热水输送管道上盖一层培养土，培养土上放育苗的营养钵。锅炉中流出的热水保持 60～80℃，用 90 瓦的微型家用增压泵加压循环。一个上海采泰机电有限公司温岭分公司生产的型号为"15WG0.6‐10"的增压泵约 180 元。

每套水暖加温系统目前造价为 2 000 元左右，每亩[①]大棚的设施费用约 1 万元。每个大棚每天烧优质煤 50～150 千克，燃煤的价格约为 1 000 元/吨。另外还消耗少量电能。使用成本与电热温床相近。现在多用在茄果类蔬菜育苗与瓜类蔬菜嫁接育苗加温苗床上。

四、电热温床育苗

电热温床育苗是近年来发展起来的一项育苗新技术，它是以特制的电热导线将电能转换为热能加热培养土，同时利用塑料大棚保温。近年来我国南方一些地区采用电热温床育苗，效果较好，值得进一步推广。

1. 电热加温的设备　电热加温是利用电流通过电阻大的导

---

① 亩为非法定计量单位，1 亩＝1/15 公顷。

图 1-3　水暖加温苗床外观

图 1-4　水暖加温苗床床面

体，把电能转变成热能来实现土壤升温，提高局部范围内的土壤温度，热量在土壤中传导的范围，从电热加温线发热处，向外水平传递的距离可以达到 25 厘米左右，15 厘米以内的热量最多，靠电热加温线越近土温越高，反之则土温逐渐下降。这就说明，

要使苗床土壤中热量分布均匀，线与线之间的距离不宜超过 20
厘米。这种加温方式可以使床土保持较高的温度，满足幼苗生长
对地温的要求。电热育苗出苗快而齐，能在较短的时间内培育出
适龄壮苗，病害轻；能实现温度的自动控制，便于管理，省工、
耗能少。电热加温的设备主要是电热加温线和控温仪。电热加温
线由塑料绝缘层、电热线和两端导线接头构成。塑料绝缘层主要
起绝缘和导热作用，并有耐水、耐酸，抗碱等优良性能。电热线
是电加温线的发热元件，为一种合金丝材料，通电发热后的最高
温度不超过 65℃，在土壤中允许使用温度为 40℃ 左右，在 35℃
的土壤中可以长期工作，接头用来连接电热加温线和引出线，是
用塑料高频热压工艺制成，接头处能耐 1 700 伏电压，不漏电，
不渗水。引出线为普通铜芯电线，使用时基本上不发热。控温仪
可自动控制温度，节约电能。

　　目前生产上使用较多的是上海市农机研究所研制的 DV 型系
列电热加温线，有 400～1 000 瓦的五种型号。型号中字母和数
字的表示如下：DV21012，"D"表示电热加温线，"V"表示塑
料绝缘层，"2"表示额定电压为 220 伏，"10"表示额定功率为
1 000 瓦，"12"表示电加温线长度为 120 米；其余型号照此
类推。

　　2. 保温设施的选择　　设置电热加温床首先要考虑保温设施
配套，以利保温、节能和降低育苗成本。一般的冷床可通过加装
电热加温设施改为电热温床。其他如塑料小拱棚、中棚、大棚及
玻璃温室都可配置电热温床，改善育苗条件。

　　此外，为减少电能损耗、提高增温效果，应采用隔热材料把
温床底部及四周与外界隔开，减少床内热量向外扩散，达到省
用电的目的。据报道，日本推广的省能型电热温床，在床底和四
周都用 9 厘米厚的稻草做隔热层，窗盖用双层塑料薄膜，可节省
电耗 1/2～1/3。隔热材料一般可采用草木灰、谷壳、木屑、稻
草、麦秸等。

3. 温床功率的选定　　电热温床每平方米选定多少功率应取决于当地的气候，育苗季节，作物种类及温床的保温情况等。一般长江以南各地茄子育苗每平方米的电功率可选取 80～100 瓦，我国华北地区冬季阳畦育苗时每平方米可选取 90～120 瓦，温室内育苗时每平方米以 70～90 瓦为宜；东北地区冬季温室内育苗时每平方米以 100～130 瓦为宜。

一般四川用的电热温床，床坑长 8 米、宽 1 米、深 30 厘米，底部铺上一层废旧薄膜，然后在床底及床坑四周填上 10 厘米厚的谷壳做隔热层，再铺上一层旧薄膜，以保持隔热层的干燥，接着再垫上 3 厘米细沙做布线层，线铺设好后，又垫上 2 厘米左右细沙，最后填入 12 厘米厚的培养土。布线时，线长 80 米，布 10 行，床边可稍密，中间稍稀，使床内温度保持一致。培养土配制与种子消毒与温床育苗相同。播种后，发芽期间白天和夜间温度可控制在 25～30℃，待苗出齐后可将夜温控制在 18℃左右、日温控制在 25℃左右，以利幼苗生长。茄子床土的温度应比辣椒和番茄床土的温度略高。在育苗期中，注意苗床内的湿度。如床土干燥，应浇温水，保持床土湿润；床内温度达到 30℃时，应揭棚透气，降低温度，以防烧苗。苗期应严防病害的发生。

第二节　　冷床育苗

冷床又名阳畦、秧畦、洞坑。它是利用太阳的光热保持畦内的温度，没有人工加温设施，有别于温床，故名冷床。

阳畦是由风障畦发展而成。就是把风障畦的畦埂加高、加宽而成为畦框，并进行严密防寒保温，即成阳畦。因此，阳畦的性能优于风障畦，应用范围更广泛。中国北方地区在晴天多、露地最低温度在 −20℃ 以内季节里，阳畦内的温度可比露地高 12～20℃，尚能种植一些耐寒性强的叶类蔬菜，或进行某些蔬菜的假植贮藏。

阳畦在华北、西北地区应用很广泛，华东、华南地区也用于育苗。北京、天津、太原等地利用阳畦进行早春栽培，可比露地栽培的蔬菜提早成熟 30～50 天。

一、阳畦育苗

（一）阳畦的结构

阳畦是由风障、畦框、蒲席、玻璃窗四个部件组成。

1. 风障 风障有直立形和倾斜形两种。其形式基本与风障畦的风障类似，高 1.7～2.2 米。

2. 畦框 分为南北框及东西两侧框，有四框等高的和南框低、北框高、东西两侧成坡形的畦框两种。这是由于盖蒲席的方法不同而形成的两种类型阳畦。等高的畦框多采用卷席的管理方法，故称为"卷席式"；斜面畦框多采用拉盖席的管理方法，称为"拉席式"。

3. 覆盖物 一般用蒲席或草苫。

4. 玻璃窗 是畦面上的一种透明覆盖物。目前生产中已使用塑料薄膜代替玻璃制成薄膜窗，或用竹竿支成窗架覆盖薄膜，采光保温。

（二）阳畦的类型

阳畦可分为拉席式抢阳畦和卷席式槽子畦两种。

（三）阳畦的性能

阳畦除具有风障畦的性能以外，由于增加了土框和覆盖物，所以白天可吸收太阳热，夜间缓慢地辐射，可以保持畦内具有较高的畦温和土温。1～2 月露地气温在 －15～－10℃时，畦内地表温度可比露地高 13～15.5℃，覆盖玻璃再覆盖蒲席的阳畦如果保温严密，严寒季节白天畦温可达到 15～20℃，夜间只有 －4～－3℃，表土层会产生短时间的冻结，因此阳畦在冬季只能为耐寒性蔬菜进行防寒越冬。随着天气转暖，阳畦内的气温也随之升高，可比露地高 10～20℃，可进行喜温蔬菜的育苗和栽培。

阳畦内的空气湿度，因受露地空气湿度的变化和不同管理措施的影响，一般白天相对湿度较低，中午前后维持在 10%～20%，夜间湿度最高可达 80%～90%。

由于阳畦设备的局限性，因此造成阳畦季节温度变化较大；就一天来说，昼夜温差也大，一般在 20℃左右，天气越冷，日较差越大。在晴天，畦内增温明显，畦温较高；阴雪天畦温降低，若遇连续阴雪，阳畦缺乏太阳热源，畦温则显著降低。

在阳畦内不同部位温度差异也很大，阳畦中部及靠近北框温度较高，靠近南框和东西两侧温度较低，距南框 20～30 厘米处温度最低，有时出现冻土层。冬、春季在阳畦内育苗，易造成出苗和生长不齐，在栽培管理上应注意。

（四）阳畦的应用

普通阳畦除主要用于蔬菜作物育苗外，还可用于蔬菜的秋延后、春提前及假植栽培。在华北及山东、河南、江苏等一些较温暖的地区，还可用于耐寒叶菜，如芹菜、韭菜等的越冬栽培。

（五）改良阳畦

改良阳畦是在阳畦的基础上加以改良而成。它的性能与阳畦基本相同，但因改良阳畦的空间大，玻璃窗加大了角度，形成一面坡，因而光的透过率较高，保温性能比阳畦好。所以可在冬季种植耐寒性蔬菜，还可用于秋延后、春提前栽培喜温果菜，也可用于蔬菜的育苗。

二、塑料大棚冷床育苗

四川盆地（现四川省东部和重庆市）是我国的一个气候条件较特殊的地区。该地区日照少，如成都市年日照百分率仅为28%，重庆市年日照百分率为 29%，是全国日照时数最少的地区，冬季阴天多晴天少。但由于地处盆地内，冬季气温又较同纬度的长江中下游地区高。近年来，四川盆地在科技人员的指导下秋末利用塑料大棚冷床培育过冬苗，在生产上应用效果良好。塑

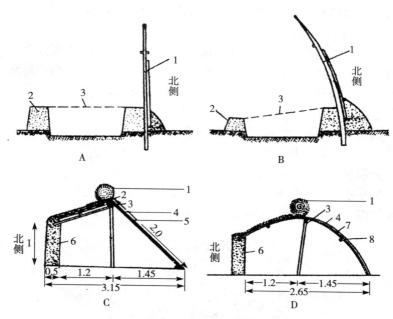

图1-5　阳畦的各种类型（单位：米）

A. 槽子畦　B. 抢阳畦　1. 风障　2. 床框　3. 透明覆盖物

C. 玻璃改良阳畦　D. 薄膜改良阳畦

1. 草苫　2. 土顶　3. 柁、檩、柱　4. 薄膜

5. 窗框　6. 土墙　7. 拱杆　8. 横杆

（引自张福墁《设施园艺学》）

料大棚冷床育苗的关键是选好床址，适期播种、防潮湿、防霜风和作好通风炼苗。

（一）冷床的修建

选背风向阳、地势高燥、土壤肥沃疏松，前作2～3年未种过茄果类的田块，每个苗床东西宽1.2～1.3米，南北长不超过10米，四周筑土埂，埂高约20厘米，床内土深翻耕细，上填营养土10厘米，或排营养杯。每隔66～80厘米在埂上插宽二指、长220厘米的竹片，弯曲为半圆拱形，最高点距床面50厘米为宜，上盖塑料薄膜。营养土的配制和消毒与温床育苗相同。

（二）播种期和播种量

茄果类蔬菜种子的发芽温度不能低于 15℃，最适宜温度是 25～35℃。冷床育苗为了充分利用晚秋余热，必须在气温未降到 20℃以前播种。经过浸种，茄子 9 月下旬播种，辣椒于 10 月上旬播种，番茄于 10 月下旬播种。播种过迟，冬至时如果没有 2 片以上真叶制造养分，则越冬困难。苗床每 13 米² 一般播辣椒 200 克，可栽大田约 2 亩；播茄子 150 克，播番茄 100～150 克，可分别栽大田 3～4 亩。播种可以用点播或撒播，播后盖营养土约半横指厚，随即喷水，水量浸入土中达 2 指深为宜，床上盖薄膜保温、保湿，床温控制 25℃左右，促使种子萌芽出土。

图 1-6　塑料大棚冷床育苗

（三）冷床的管理

1. 苗期管理　秋末播的茄子经 33～35 天，茄苗已有 2 叶 1 心时，进行一次假植。在 11 月初，成都地区 5 厘米平均地温为 13.9℃，而茄苗发生根毛的低温极限是 12℃，假植以后，即可走根成活，不必再加温。在 11 月中下旬至 12 月中旬，气温不低，晴天或阴天无风，不僵手就敞床，降低湿度和防止生长过快。12 月下旬至翌年 2 月上旬，气温低，以保温为主。在 12 月上旬盖上大棚，用大棚加小棚两层薄膜防寒过冬（做苗床时预留大棚的位置，每 4 个苗床盖一个大棚）。覆盖的薄膜要清洁透亮，四周无缝，防霜风。但仍要在不致受冻的条件下，每天抓好的天气的机会作短时通风，若薄膜内布满水珠，或苗床壁脚湿润，可在气温 5℃以上（茄子在 7℃以上）白天无风时翻盖薄膜，每天 1～2 次，应抓紧在严寒来前，排除潮湿，以床壁脚不湿而土面发白为度。在气温 5℃以下时，若床内湿度大，应抓紧气温较好，无风雨的机会，于 10 时、11 时 30 分、14 时、16 时各通风 1 次。床内湿度小，上、下午各通风 1 次，方法是慢慢地揭不相对的两处覆盖物（以免造成空气的对流速度过大），每次根据天气，以 5～30 分钟为限。若遇绵雨或严寒，暂停 1～2 天不通风的，应抓天气稍好的机会短暂通风。2 月中旬至 3 月上旬，气温逐渐回升，要通风炼苗为主，同时根据苗子生长情况，进行保温促苗，晴天防床内气温超过 30℃造成烤苗，应加大通风量或敞床，但要防寒潮侵袭。定植前 1 周，除寒潮外，应敞床炼苗。

2. 水肥管理　立春前一般不施肥水，若苗纤弱，可施一成淡粪水提苗，不宜施水过多增加湿度和降低床温，立春后施 2～3 次人畜淡粪水，或每床 40 米^2 内用 100 克尿素对一挑水泼施，以助提苗，在晴天中午揭开覆盖物施下，水量控制在下午 4 时覆盖时床面收汗为宜。

3. 防治病害　苗期主要有猝倒病、立枯病（断腰杆）、灰霉病，防治方法见病害防治部分。

塑料大棚冷床育苗充分利用了晚秋余热，茄苗同化了较多的光能，制造了较多的同化产物，到 3 月初定植时，茄苗生理苗龄为 10～11 叶龄，已现花蕾，单株鲜重 6 克左右，如采用配套的早熟栽培措施，在同样条件下，可比苗龄和鲜重较小的温床苗早熟丰产，经济效益好。但这种大苗不能在露地、或虽采用保护设施但管理不得法的条件下栽培，否则易成老僵苗，塑料大棚冷床由于不能加温，也不适宜早春瓜豆类蔬菜的育苗。

（四）塑料大棚冷床与阳畦的异同点

塑料大棚冷床与阳畦相同的都是床内不填酿热物，上面覆盖玻璃或塑料薄膜保温育苗，它的热能来源主要是利用白天太阳的辐射热，晚上利用覆盖物维持床温。

二者不同点：①阳畦遮风是利用风障，而塑料大棚冷床则是利用覆盖在上面的大棚遮挡寒风。②北方的日照多一些，阳畦的床框要高一些，厚一些，而且有等高的畦框和斜面的两种，以利覆盖玻璃和薄膜，较好地接受日光保温；四川盆地的日照时数少，直射光少，多利用散射光，所以床框是等高的，也较矮，床框上插竹片作为拱架，做成小拱棚采光保温。③北方的阳畦在夜间一般用蒲席或草苫覆盖保温，防止白天接受的热量散失；而塑料大棚冷床育苗中，在小拱棚上很少覆盖蒲席和草苫，只有个别地方在严冬打霜时，才在小拱棚的塑料薄膜上覆盖稻草保温。④北方的阳畦是随着天气转暖，阳畦内的气温也随之升高，才进行喜温蔬菜的育苗和栽培；而塑料大棚冷床是在头年的9月底，利用晚秋余热，提早播种，在严冬加强覆盖，育苗期长达四五个月，贯穿整个冬季。

根据以上这些比较，可以认为塑料大棚冷床是阳畦在四川盆地这个较为特殊的气候条件下的一种变通的形式。

（五）塑料大棚冷床育苗的优越性

将塑料大棚冷床苗和电热温床苗在塑料大棚加地膜覆盖条件下栽培，当采用一定技术措施后，均未出现僵苗现象，缓苗较快，由于塑料大棚育的茄苗生理苗龄大、发育早，较电热温床育的生理苗龄较小的茄苗生长快，采收早，每株结果数多7～8个。故苗龄过长虽是育苗所忌讳的，在露地栽培易成老僵苗，但在先进的栽培技术下，能克服易成僵苗的弊端，发挥其早发育的特性，而比适龄壮苗早熟丰产，使矛盾得到了转化。

塑料大棚冷床育苗虽占地时间较长，但并非不经济。以1亩塑料大棚使用面积为90％计，以9厘米×9厘米苗距育苗时，每亩可育茄子大苗7万多株，由于只进行一次假植，假植用工比草围温床育苗大大减少（草围温床育大苗时，要经过4～5次假植），只是在冬季需进行棚膜的揭盖和病虫害防治，用工不多，一株茄子大苗可售0.15～0.20元，1亩大棚在半年时间育苗可收入1万多元，收入不算低。因此育出的秧苗价格很有竞争力。塑料大棚冷床育苗提早播期至9月下旬这一技术革新，使其在11月初假植时，地温尚高，不需加温，充分利用了太阳能、节省了能源、降低了成本。（如11月初播种，在12月假植时，地温低于茄子根毛发生的温度极限，则需消耗能源，会加大成本。）由于假植次数少，伤根缓苗的次数少，所以苗子的干物重较草围温床苗大2～3倍，更早熟丰产。

塑料大棚冷床培育番茄和辣椒秧苗的技术与茄子类似，且更容易一些。

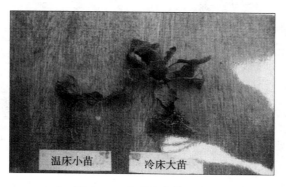

图1-7 茄子大小苗对比

塑料大棚冷床育苗设施简单，技术不复杂，不像电热温床需要大的投资，可在四川盆地用于培育茄果类蔬菜大苗（图1-7、图1-8、图1-9），是一项先进适用的茄果类蔬菜育苗技术，已在四川盆地大面积应用。

图 1-8 番茄长龄大苗

图 1-9 辣椒长龄大苗

第三节 遮阳网遮阴育苗

近年来，我国开始推广用遮阳网遮阴育苗。遮阳网是用聚烯烃树脂为主要原料，经拉丝后编成的一种轻质、高强度、耐老化、网状的新型农用覆盖物。遮阳网用于夏季育苗十分理想，它能代替茅扇、芦帘等覆盖物。它的重量轻，寿命长，使用保管方便，能防止夏季强光、高温、暴雨，可供甘蓝、白菜、花椰菜、莴苣、芹菜、秋番茄、秋辣椒、秋黄瓜等育苗用。

　　遮阳网的颜色有白、黑、银灰等，幅宽有 90 厘米、140 厘米、150 厘米、160 厘米、200 厘米等几种。黑色网适宜于短期性覆盖，白色网适宜于进行全生长期覆盖，银灰色的遮阳网除降低温度外还有避蚜作用，可根据育苗的需要选用。遮阳网覆盖蔬菜育苗的方式有：小拱棚全覆盖、小拱棚半覆盖、地面覆盖等几种，一般宜用小拱棚半覆盖，在苗床上作好小拱棚（平棚也可以，但要有一定倾斜度，以便棚顶排水），上面盖遮阳网，只盖棚顶，四周不遮掩，使空气流通。

　　使用遮阳网覆盖具有遮光、降温作用，遮阳网育苗小棚棚内透光率为 34.7%，地表温度比露地降低 7℃，5 厘米地温降低 1.7℃，还避免了暴雨对地面的直接冲击造成的土壤板结，为夏季蔬菜育苗创造了适宜的环境。用遮阳网覆盖代替茅扇、芦帘覆盖进行夏季育苗，可达到出苗早、成苗率高的效果，一般成苗率可提高 40% 以上，秧苗质量提高 50% 以上。

　　用遮阳网育苗，每 66.7 米² 苗床地一次性投资 85 元（2000年价格，其中遮阳网 75 元、竹弓 10 元）遮阳网使用 5 年，竹弓用 2 年，每年为 20 元，每年用 4 茬次，每次折算 5 元，投资不大，比传统的茅扇、芦帘覆盖操作管理省工省力，所以用遮阳网进行夏季遮阴育苗是一项值得推广的新技术。

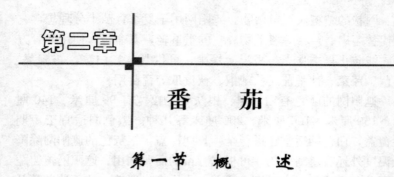

番 茄

第一节 概 述

番茄（*Lycopersicon esculentum* Mill.）又称西红柿、洋柿子、番柿等，是茄科番茄属中以成熟多汁浆果为产品的一年生或多年生的草本植物。番茄原产于南美洲西部安第斯山脉海拔 2 000 米以上的山区。人类有历史记载以前，番茄在原产地就已经被栽培，并随着印第安人的迁徙从南美传到中美和墨西哥，哥伦布发现美洲大陆后相继传到欧洲和其他地区。16 世纪初传入意大利，然后传入德国、法国、英国等欧洲国家。番茄直到 17 世纪也只限于爱好者的非商品性栽培，其开发利用首先在南欧，特别是意大利兴起，并从生食迅速发展到加工食用，以后开始大面积栽培。番茄在 17～18 世纪传入中国，20 世纪 50 年代开始在中国广泛栽培。

番茄果实营养价值高，含丰富的可溶性糖、有机酸、维生素及钙、磷、铁等矿物质。据测定，番茄果实干物质含 4.3%～7.7%，其中含糖 1.8%～5.0%，酸 0.15%～0.75%，蛋白质 0.7%～1.3%，纤维素 0.6%～1.65%，矿物质 0.5%～0.8%，果胶物质 1.3%～2.5%，脂肪 0.2%～0.3%。番茄每 100 克鲜果中含胡萝卜素 0.11 毫克，维生素 C17～25 毫克。每天饮用 40 克番茄汁，可满足人体对维生素 C 的要求。番茄的蛋白质含量不高，但由于含有多种氨基酸，所以食味鲜美。

番茄是一种重要的茄果类蔬菜，蔬菜生产中占有十分重要的地位。尽管番茄的栽培历史较短，由于番茄市场容量大，销售十分走俏，种植经济效益高，生产发展很快。全球生产番茄最多的洲为亚洲，其次是欧洲，第三是中美洲，三大洲的总产量约占全世界总产量的 82.02%，全球生产番茄最多的国家有美国、中国和意大利等国。我国番茄生产位居世界第二位，以鲜食为主。

虽然我国番茄栽培面积大，但在单产、品种和栽培技术等方面还比较落后。我国番茄的单位面积产量还低于美国、日本、加拿大、以色列等国家。过去我国番茄以鲜食为主，品种选育主要集中于鲜食类，果型较大，不耐贮藏、运输，不适宜加工。随着人们生活水平的提高，番茄加工业的迅速发展，近几年加工番茄的栽培面积正逐渐扩大，我国加工番茄种植和加工主要分布在新疆、内蒙古和甘肃。其中新疆种植面积占到全国的 80% 以上，近几年每年种植面积都稳定在 0.54 万～0.67 万公顷，生产新鲜加工番茄 430 万吨。我国地域辽阔，气候资源十分丰富，番茄四季可以生产，基本实现周年供应。番茄生产主要是露地栽培，以春夏露地栽培为主。近几年，保护地栽培发展迅速。从番茄保护地栽培形式上看，塑料大棚、中小棚发展最快，温室栽培正在飞速发展；从栽培季节上看，"春提早"栽培面积最大，"秋延迟"和越冬栽培也正在发展。

在 20 世纪 90 年代初，番茄特色品种开始在国内生产，其中樱桃番茄在航空配餐、宾馆饭店和部分超市登场亮相，以其小巧鲜艳的果实、酸甜浓郁的风味和较高的营养价值，赢得了消费者的青睐。目前，樱桃番茄的生产已遍及全国多数省份和地区，产品已走进了普通百姓的家。其他番茄特色品种如多彩番茄、香蕉形番茄和绿熟番茄也将逐步为人们所接受，对增加市场花色品种供应、提高农民收入发挥着积极作用。

第二节　番茄的特性

一、植物学性状

1. 根系　番茄为一年生的草本植物，野生种根系分布广而深。栽培种经过移栽后，主根被截断，产生许多侧根，大多数的侧根分布在表土 30 厘米深左右，而横的扩展可达 0.7～1.0 米，到植株成熟时更是达 1.3～1.7 米。番茄根系生长情况与品种特性、整枝轻重和栽培技术等有关。凡枝叶生长繁茂的品种，根系也较发达；整枝摘心重的，根系生长较差，整枝摘心轻的，根系生长较好。直播者主根深入土层，移植者根系密集在浅土层内。

2. 茎　番茄的茎为半直立性，基部带木质，高 0.7～1.0 米或 1.0～1.3 米不等。茎分枝性强，每个叶腋均能产生侧枝，茎上易生不定根，培土后茎上可生许多不定根，茎极易扦插成活。

3. 叶　其叶为羽状复叶，每叶有小叶或分裂 7～9 片。小叶卵形或椭圆形，叶缘齿形，黄绿、绿或深绿色。茎、叶上密生腺毛，分泌的汁液，散发出特殊气味，具避虫作用。叶片的大小、形状、颜色等视品种及环境而异。

4. 花　其花为聚伞花序，但野生品种为总状花序。花呈黄色，花瓣通常为 5～6 出，而以 6 出的较普遍。花序生于节间，每一花序的花数由 5～6 朵到 10 余朵不等。品种间差异很大，而同一株的不同花序之间亦有差异。在低温下形成的花常为畸形花，柱头粗扁，容易形成畸形果。

番茄的花芽是由顶芽分化而成，顶芽附近的腋芽生出侧枝代替主枝延伸。但按花序着生位置和茎生长特性，又分为两大类。

（1）有限生长类型　也叫"自封顶"番茄。自主茎 6～8 片真叶后开始着生第一个花序，以后每隔 1～2 叶着生一花序，也有个别品种连续着生花序的。在茎上着生 2～3 个花序后，花序下的腋芽不再发生侧枝代替主枝延伸，而封顶。其他腋芽形成的侧枝，一般也只能生 1～2 花序，不继续延伸。因此植株矮小，结果早而集中，采收期短，适宜作早熟栽培。

（2）无限生长类型　又叫非自封顶类型，自主茎生长 7～9 片真叶开始着生第一花序，有些晚熟品种 12～13 片真叶后才着生第一花序，以后每隔 2～3 叶着生一花序，茎可继续延伸而不封顶。叶腋所发生的侧枝，也每隔 2～3 叶着生一花序而不封顶。因此植株高大，结果较迟，采收期长，总产量高。

5. 果实　番茄的果实为多汁浆果，有圆球、扁圆、椭圆、长圆及洋梨形等多种果形。成熟果实呈红、粉红或黄色。食用部分包括果皮、果肉和胎座。子房 2 室或多室，优良品种肉厚而种子腔小。果实大小不等，一般 70 克以内为小型果；70～200 克为中型果；200 克以上为大型果。

6. 种子　番茄种子成熟比果实早，一般开花授粉后 35 天左右，种子即有发芽力，但完全成熟需要 50 天左右。种子着生在种子腔内，周围有果胶包裹着。这些胶状物对种子有抑制发芽的作用。番茄的种子扁平、肾形，呈灰褐色或黄褐色，表面覆盖茸毛、有胚乳。番茄种子较小，千粒重约为 3.0 克，每克种子约 300 多粒。在常规条件下贮藏，寿命一般为 3～6 年，但生产上的适用年限为 2～3 年。

二、对外界环境条件的要求

番茄原产南美秘鲁，喜温暖，不耐炎热和霜冻。种子最低发芽温度 11～14℃，发芽最适温度 20～25℃，生长最适温度 22～24℃，气温达 30℃时同化作用即显著降低，在 35℃以上停止生长。番茄生长和发育的最适夜温是 15～18℃，高于 22℃或低于 10℃时，会引起落花落果。日温在 35℃以上常落花不孕。番茄在 10℃以下停止生长，15℃以下开花较差，到 0℃时遭受冻害。但经过低温处理或锻炼的番茄可以耐短期 0℃以下的低温。

番茄起源于干旱地区，以较小的空气湿度和土壤湿度生长良好，空气湿度以 40％～70％为宜。在开花以前土壤湿度以 50％左右为好。进入结果期后，以 85％～95％的土壤湿度为好。土壤湿度变化大易引起裂果，在空气湿度和土壤湿度太大时，常导致青枯病、疫病等病害传播蔓延。

番茄对土壤要求不严，沙质壤土、黏质壤土都可以栽培。番茄对土壤的 pH 要求不严格，以 pH6～6.5 时产量较高，也能适应较酸的土壤，但酸性土易发生青枯病，可施石灰或草木灰改善土壤 pH。种番茄的土壤必须注意轮作，否则容易发生病害。番茄生长过程中要从土壤中吸收大量的营养元素，每产 1 万千克番茄要从土壤中吸收主要营养元素 95.8 千克。番茄整个植株吸收氮、磷、钾比为 2∶1∶5，钾居第一位，氮其次，磷最少。但在生长过程中，磷具有特殊的地位，磷不足时则影响产量，因整个植株吸收的五氧化二磷有 94％用于果实，仅 6％用于茎叶。施用足够的磷肥，使幼苗发育迅速，花芽分化较早，着花节位低，可提早成熟，增产 30％左右。钾肥对促进茎叶生长健壮、预防病害有良好的作用。

第三节　番茄优良品种

一、早熟品种

1. 红杂 18 番茄　中国农业科学院蔬菜花卉研究所以红 213 为母本、黄苗试材 9 375 为父本配制的适宜罐藏加工及远途鲜销的一代杂种。植株自封顶生长类型，一般着生 2～4 序花自行封顶，生长势强。第一花序着生在第六至七节上，坐果率高，果实卵圆形，幼果有浅绿色果肩，成熟果红色，着色均匀一致，单果重 50～70 克。果肉厚，果实紧实，单果耐压力 8.4 千克，果实硬度 0.59 千克/厘米^2，抗裂，耐压、耐贮运。每百克果实含可溶性固形物 5.0～5.1 克，番茄红素 8.05 毫克，pH3.9～4.3。抗烟草花叶病毒病、枯萎病。早熟种。每亩产 4 000 千克以上。

适宜新疆、甘肃、宁夏、内蒙古、广西、云南等地种植。支架栽培，一般畦（垄）宽 1.1～1.2 米，垄高 15～20 厘米，每垄栽双行，株距 35～40 厘米，每亩栽苗 2 800～3 200 株。支架栽培蹲苗期不宜过长，第一花序上的果实长有大枣大小时即可结束蹲苗，开始浇水、追肥。无支架栽培，要严格掌握蹲苗期，必须在主枝第一花序上的果实长有乒乓球大小、侧枝第一花序开始坐果时，方可结束蹲苗，进行浇水、追肥。

2. 红玛瑙 213 番茄　中国农业科学院蔬菜花卉研究所选育的罐藏番茄新品种。植株自封顶生长类型，一般着生 2～3 个花序后自行封顶。节间短，株型紧凑，生长势强。第一花序着生在第六至七节上，以后每间隔 1～2 片叶着生 1 花序，每序着花 4～6 朵，坐果率高达 90% 以上。果实方圆形，幼果有浅绿色果肩，成熟果红色，着色均匀，单果重 60～70 克。果肉厚 0.8～0.9 厘米，种子腔小，果紧实，果皮坚韧，抗裂、耐压、耐贮运，单果耐压力 7.84 千克。每百克果实含可溶性固形物 5.2 克，番茄红素 9 毫克以上。较抗病。早熟种。每亩产 3 500 千克以上。适宜西北、华北、东北、华南等部分地区种植。

3. 红杂 35 番茄　中国农业科学院蔬菜花卉研究所以 92154 为母本、8784 为父本配制而成的极早熟加工番茄专用一代杂种。该品种属有限生长类型，生长势中等，叶色浅绿。第六片叶开始着生花序。果实圆形，幼果有浅绿色果肩，成熟果红色，着色均匀一致，单果重 70～80 克。果肉厚 0.7～1.0 厘米，果实紧实，较抗裂、耐压。可溶性固形物含量为 4.8%，番茄红素含量为 96.0 毫克/千克（鲜重）。高抗烟草花叶病毒病。极早熟，从播种到果实红熟仅需 100 天左右，果实成熟期十分集中，前期产量占总产量 80% 左右，每亩产量 4 000 千克以上。

红杂 35 适于西北、华北地区露地矮架或无支架栽培。矮架栽培宜双干整枝，每亩栽 3 500～4 000 株；无支架栽培，每亩栽 3 000～3 200 株。定植后蹲苗时间不宜太长，以第一穗果坐住且小枣大小时开始浇水、追肥。注意及时采收，以防过熟裂果。

4. 霞粉番茄　江苏省农业科学院蔬菜研究所利用黄粉选 6 株系作母本、8512 作父本配制的一代杂种。植株自封顶生长类型，一般着生 2～3 序花后自行封顶。株高 70～90 厘米，生长势强。第一花序着生在第六至七节。果实圆整，成熟果粉红色，单果重 150～180 克。单株平均坐果 20 个左右，坐果率高。畸形果少，风味佳。高抗烟草花叶病毒病，中抗黄瓜花叶病毒病。早熟种，春季露地栽培，每亩产 5 000 千克左右。也可作保护地早熟栽培及秋后露地栽培。适宜江苏、安徽、浙江、江西、上海、湖北、山东、天津等地种植。长江流域春季栽培，11～12 月播种育苗，翌年 4 月上旬定植，每亩栽苗 3 500 株，双干整枝；若进行春季早熟栽培，宜采用单穴双株，单干整枝，每亩栽苗 6 000 株左右。花期及时用生长调节剂蘸花。注意防治早疫病。

5. 毛粉 808 番茄　西安市蔬菜研究所配制的一代杂种。植株自封顶生长类型。有 50% 植株有茸毛。果实圆整，粉红色，单果重 180 克。脐小，肉厚，不裂果，品质极佳。抗叶霉病、枯萎病、病毒病，耐晚疫病。早熟种。每亩产 6 800 千克以上，适宜露地和保护地栽培。适宜陕西、山西、河北、河南等地种植。苗龄 60～70 天，行距 45 厘米，株距 33 厘米，每亩栽苗 4 500～5 000 株，双干整枝。

6. 东农 713　东北农业大学园艺学院以 T512 为母本、以 T511 为父本配制而成的加工专用型番茄一代杂种。该品种为有限生长类型，成熟期 110 天左右，株高 50～60 厘米。果实长圆形，果形指数 1.33，果脐小，果肉厚，梗洼木质部延伸小于 1 厘米。成熟果鲜红色，着色均匀，胶囊物及胎座均为深红色。果实硬度 0.65 千克/厘米^2，耐贮运，可溶性固形物含量 5.6%，番茄红素 98 毫克/千克，加工性状优良。高抗烟草花叶病毒病、枯萎病和黄萎病，单果重 85～90 克，每亩产量 6 000～6 500 千克，适合在 ≥10℃ 的活动积温大于 2 500℃ 的地区栽培。哈尔滨地区露地栽培 3 月上中旬播种，5 月下旬定植，株距 30～35 厘米，行距 60～65 厘米，每亩栽 3 000～3 500 株。

7. 丰顺号番茄　华南农业大学园艺系选配的一代杂种。植株自封顶生长类型，株高 110～120 厘米，生长势强。果实圆形，红色，果面光滑，单果重 75～100 克。果实抗裂，耐压。高抗青枯病，苗期抗黄瓜花叶病毒病。早熟种。每亩产 4 000 千克左右。适宜春秋露地栽培。适宜广东、广西、福建等地种植。广州地区春季栽培，1 月中下旬播种育苗。秋季栽培，8 月上旬播种育苗。

8. 粤星番茄　广东省农业科学院蔬菜研究所选配的一代杂种。植株自封顶生长类型。果实椭圆形，幼果有浅绿色果肩，成熟果红色，单果重 80～100 克。抗烟草花叶病毒病，中抗黄瓜花叶病毒病和青枯病。耐热，较耐湿，耐贮运。早熟种。每亩产 3 000～3 500 千克。适宜春、秋露地栽培。适宜广东、广西、福建、海南等地种植。广州地区春季栽培，1 月上旬播种；秋季栽培，7 月下旬至 8 月上旬播种。每亩栽苗 2 500～2 800 株。

9. 红玫 12 番茄　浙江农业大学园艺系选育的新品种。植株自封顶生长类型。一般着生 2～3 序花后自行封顶。第一花序着生在第七至八节上，各花序间隔 1～2 片叶。果实高圆形，红色，单果重 140 克左右。果皮较厚，抗裂，耐贮运。抗病性强。早熟种，每亩产 3 000 千克左右。适宜秋季露地栽培。适宜浙江、江苏、湖北、安徽、福建等地种植。长江中下游地区，7 月上中旬播种，采用遮阴降温育苗，苗龄 20～25 天。深沟高畦栽培，定植后畦面覆盖稻（麦）草。双干整枝，简易支架。

10. 津粉 1 号番茄　天津市种子公司选配的一代杂种。植株自封顶生长类型，一般着生 3 序花后自行封顶。生长势较强。第一花序着生在第六至七节上，以后每间隔 1～2 片叶着生 1 花序。果实扁圆形，粉红色，单果重 150～200 克。果面光滑，品质好。较抗烟草花叶病毒病。早熟种。每亩产 4 000～5 000 千克。适宜保护地及露地栽培，适宜天津市及相同气候条件地区种植。苗龄60 天左右。每亩栽苗 5 000～5 500 株。适当疏果，喷生长调节剂保花保果。

11. 渝抗 4 号番茄　重庆市农业科学研究所选育的新品种。植株自封顶生长类型，株高 95 厘米左右，生长势强。普通叶、叶色浓绿、叶片肥大。第一花序着生在第八至九节上，以后每间隔 1～2 片叶着生 1 花序。果实圆形，红色，单果重 170 克，最大果重 375 克。结果多，商品性好，耐贮远。抗枯萎病、烟草花叶病毒病。早熟种。适宜春、秋两季栽培，可在重庆、四川、贵州等地种植。四川东部地区冷床育苗，11 月上旬至 12 下旬播种；温床育苗，12 月下旬播种。苗龄 50～90 天。翌年 2 月下旬至 3 月下旬定植。

12. 扬粉 931 号番茄　江苏农学院园艺系选配的一代杂种。植株自封顶生长类型，一般着生 2～3 个花序后自行封顶，侧枝较多，第一花序着生在第七节上。果实圆整，粉红色，畸形果极少，单果重 100～130 克。抗烟草花叶病毒病，不抗叶霉病。早熟种。每亩产 3 400 千克以上，适宜保护地栽培。可在江苏省各地种植。扬州地区春季塑料大棚栽培，11 月下旬播种育苗，翌年 2 月中下旬定植；小棚栽培，12 月中旬播种，翌年 3 月中下旬定植；每亩栽苗 3 500～4 000 株。双干整枝。结果后追肥 2～3 次。注意防治叶霉病、早疫病及蚜虫、棉铃虫等。

13. 早丰（秦菜 1 号）　西安市蔬菜科学研究所配制的一代杂种。植株自封顶生长类型，一般着生 3 穗果后自行封顶。长势较强。果实圆整，果面光滑，果脐小，成熟果红色，单果重 150～200 克，最大果重 750 克。品质好。耐寒性较强。抗烟草花叶病毒病。早熟种。每亩产 5 000 千克。西安地区春季露地早熟栽培 1 月中旬播种，春季薄膜覆盖栽培 1 月初播种，3 月上中旬定植，苗龄 60～70 天。行株距 45 厘米×33 厘米，每亩栽 4 500～5 000 株。双干整枝。适于陕西、河南、安徽等地种植。

春季露地及塑料薄膜大、中、小棚覆盖均可栽培。

14. 春雷　上海市农业科学院园艺研究所育成的番茄一代杂种。该品种为高秧粉红果，早熟性好，长势强，耐低温性好，不早衰，可进行长周期栽培。果实膨大速度快，产量高，亩产可达10 000～15 000 千克（因栽培季节而有差异）。果实高圆形，无绿肩，平均单果重 220 克以上，果肉厚，果实大小均匀，成熟期一致，耐贮耐运。高抗叶霉病、枯萎病、烟草花叶病毒病，中抗黄瓜花叶病毒病，耐线虫，适应性广泛。

15. 粤红玉（86－1）　广东省农业科学院经济作物研究所选配的一代杂种。植株自封顶生长类型，株高 110～120 厘米。果实近圆形，幼果有浅绿色果肩，成熟果红色，单果重 80～100克。果肉厚 0.6 厘米，甜酸适中，风味好，果实紧实，耐贮运。耐青枯病。早熟种。亩产 3 700～5 000 千克。广东及华南部分地区均可种植，适宜春、秋、冬季露地栽培。广州地区春季栽培，12 月至翌年 1 月播种；秋季栽培 7～8 月播种；冬季栽培 10～11月播种。

16. 红宝石　华南农业大学园艺系选配的一代杂种。植株自封顶生长类型，株高 90～110 厘米，长势强。果实圆形，幼果有浅绿色果肩，成熟果红色，着色均匀一致，单果重 75～120 克。果肉厚 0.6 厘米，果实坚实，抗裂、耐压、耐贮运。每百克鲜果含可溶性固形物 5 克、番茄红素 7.5 毫克、维生素 C20.5 毫克。品质较优良。较抗早疫病、晚疫病、叶斑病。早熟种。亩产4 000 千克。华南地区均可种植。适宜春、秋季露地栽培。

17. 皖红 1 号　安徽省农业科学院园艺研究所选配的一代杂种。植株自封顶生长类型，株高 61～65 厘米，株型紧凑，长势较强。第一花序着生在第七节上，着生 2～3 个花序后封顶。果实圆整，红色，单果重 150～200 克，无裂果，无畸形果。可溶性固形物含量约 5%，酸甜适中。高抗烟草花叶病毒病，较抗枯萎病、青枯病，耐早疫病。早熟种，亩产 4 000～6 000 千克。南方各省均可种植。合肥地区春季栽培12月育苗，4月上旬定植。行株距（40～50厘米）×27厘米，亩栽4 500～5 000株。也适于温室、大棚及小拱棚早熟栽培。

18. 西粉3号番茄 西安市蔬菜科学研究所利用117和203配制的一代杂种。植株自封顶生长类型，株高55～60厘米，生长势较强。第一花序着生在第七节上。果实圆整，粉红色，幼果有绿色果肩，单果重115～132克，果肉厚，甜酸适中，商品性好。耐低温。高抗烟草花叶病毒病，中抗黄瓜花叶病毒病和早疫病。早熟种，亩产5 000千克左右。适宜保护地栽培，全国各地均可种植。西安地区春季薄膜覆盖栽培，1月上旬播种，3月上中旬定植，苗龄60～70天。行距45厘米，株距33厘米，每亩栽苗4 500～5 000株。双干整枝。

19. 皖粉208 安徽省农业科学院园艺研究所育成的耐贮运的番茄一代杂种。无限生长类型，熟性早，始花节位在第六至七节，每隔1～2片叶着生花序，叶片稀少，适宜密植，耐低温弱光。易坐果，果实膨大速度快，高圆形，5～7心室，粉红色，表面光滑，无绿果肩，大小均匀，果脐小，单果重350～400克。果皮厚，有韧性，不裂果，耐贮运，口感极佳，货架期可达10天。可溶性固形物含量6%。高抗病毒病、叶霉病、晚疫病、灰霉病和筋腐病。一般每亩产量7 000～8 000千克。适宜冬春日光温室和春秋大、小棚栽培。

20. 英石大红番茄 辽宁省抚顺市北方农业科学研究所以89-336为母本，以88-334为父本配制而成的一代杂种。植株为有限生长类型，生长势中等，普通叶形，叶片厚实，茎秆较细，叶绿色，第六至七节着生第一花序，每隔1～2节着生1花序。果实圆形，幼果白色，有浅绿果肩，成熟果红色，果面光滑均匀，果脐小，硬度高，8～10心室，室壁较厚，优果率95%。平均单果重300克。早熟，生育期105天，保护地栽培授粉后45天采收，露地栽培40天左右。耐高温高湿，抗烟草花叶病毒

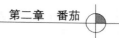

病、叶霉病、病毒病。一般每亩产量 6 000 千克左右。全国各地保护地、露地均可栽培。

21. 佳红 1 号　甘肃省农业科学院蔬菜研究所选育早熟亲本 95121 与 95123（F1）组配的番茄三交种。该品种植株蔓生，生长势较旺，3～4 穗封顶，平均株高 62.3 厘米，开展度 52.6 厘米，茎粗 1.32 厘米，节间长 3.92 厘米，第一花序着生于第七至八节，单式花序，每花序间隔 1～3 节，第一花序着花数 6～10 朵，叶量适中。果实红色，扁圆形，果型指数 0.72，无绿果肩，果脐小，果皮较厚，果肉硬，5～8 心室，平均单果重 164.4 克。可溶性固形物含量 5.15%，可溶性糖 2.74%，维生素 C 119.6 毫克/千克，有机酸 0.43%，糖酸比适宜，口感好、风味佳。适宜北方地区塑料大棚及日光温室秋冬茬和早春茬种植。

22. 粉达　郑州市蔬菜研究所以 W 亲 5 为母本、94 引 20 后为父本配制而成的粉果番茄一代杂种。该品种为无限生长类型，生长势较强，不易衰秧。普通叶形，第八至九节着生第一花序，花序间隔 3 片叶，每花序开花 4～6 朵。平均单果重 184 克，幼果无绿果肩，成熟果粉红色，果形圆整，果面光亮，果肉厚，耐贮运，畸形果率低，较抗裂果。品质优良。对病毒病、早疫病和晚疫病的抗性略优于对照中杂 9 号。春季保护地栽培每亩产量 7 962 千克，长季节栽培每亩产量可达 20 000 千克，适于河南、安徽、河北、山东等地春、秋保护地及日光温室长季节栽培。

23. 北研 1 号番茄　抚顺市北方农业科学研究所育成的早熟一代杂种番茄。无限生长类型，生长势强，第六至七节着生第一花序，花序间隔 3 片叶。果实扁圆，成熟前果实绿白，成熟果红色，表面光滑，有绿肩，8～11 心室，平均单果重 191 克。可溶性固形物含量 4.7%，可溶性总糖 2.7%。抗病毒病、青枯病和叶霉病。每亩产量 5 600 千克左右。适宜北京、辽宁、河北、河南、甘肃、重庆、四川、广东等地的适宜地区作露地栽培。

24. 飞天（中型果） 以色列海泽拉优质种子公司培育的抗番茄黄化曲叶病毒（TYLCV，简称 TY）的番茄品种。无限生长类型，早熟品种。植株生长势中等，节间较短，高温和低温条件下坐果性能好，不易空穗；果实扁球形，大小均匀、整齐、颜色鲜红，着色均匀，硬度好，货架期特长，平均单果重 150～220 克；高温季节不裂果，无鞭裂、老年斑点及青皮现象。抗 TY、黄萎病、枯萎病 1 号和 2 号及烟草花叶病毒。适合春季、越夏和秋冬茬栽培。2007—2008 年该品种在辽宁西部、赤峰地区及山东等地的冬春茬、越夏茬、秋冬茬均表现十分稳定和优秀。

25. 浙杂 301 浙江浙农种业公司选育的抗 TY 的早熟番茄品种。有限生长类型，高抗番茄青枯病、南方根结线虫、抗 TY、烟草花叶病毒病和枯萎病；幼果淡绿色、无绿果肩，成熟果大红色，单果重 180 克左右，果实圆整，耐贮运；坐果性佳，产量高。

26. TM - 843F1 荷兰安莎种子公司育成的长货架耐贮运鲜食型番茄一代杂种。无限生长类型，早熟，长势旺盛。果实扁圆形，熟果深红色，硬实，耐贮运，货架期长。平均单果重 180～200 克。耐热性强，高温下容易坐果。抗逆性强，抗根结线虫病、烟草花叶病毒病、黄萎病、枯萎病生理小种 0 和 1、冠根腐病及白粉病，耐叶霉病。适合日光温室和大棚早春、越夏和秋延后栽培。

27. 杭杂 1 号 浙江省杭州市农业科学研究院以 9905 - 1 - 2 - 1 - 1 - 1 为母本、8947 - 1 - 2 - 2 - 3 - 1 为父本配制而成的早熟番茄一代杂种。该品种为无限生长类型，植株开展度中等，早熟，播种至始收 113 天左右。第一花序着生于第七节左右，花序间隔 3 节左右。果实光滑圆整，略有棱沟，果形指数 0.9 左右，单果重 200 克左右，单株可结果 20 个左右。成熟果大红色，色泽鲜亮，着色一致，无绿肩，商品果率高，果实口感好、品质佳，不

易裂果，较耐贮运。抗叶霉病。春大棚栽培每亩产量 6 000 千克左右，适于长江流域保护地早熟栽培。

28. 陇红杂 1 号番茄　甘肃省农业科学院蔬菜研究所以极早熟母本 991719 与早熟父本 991478 杂交配组而成。该品种为极早熟加工番茄一代杂种，从开花到果实成熟需 55 天左右，植株 2～3 穗果自然封顶，第一花序着生于第五至六节，花序间隔 1～2 节，单花序，株高 61.3 厘米，开展度 50.9 厘米，茎粗 1.31 厘米，节间长 3.32 厘米，叶量适中，长势中等。果实鲜红色，长圆形，平均单果重 70.2 克，果面光滑，无果肩，畸形果少，果实硬度 0.54 千克/厘米^2，果皮厚，果肉较硬，耐贮运。可溶性固形物含量 5.17%，番茄红素含量 120.6 毫克/千克，加工性状优良。成熟集中，早熟性突出；平均每亩产量 5 600 千克左右，对病毒病、叶霉病抗性较强，耐早疫病。适宜甘肃、新疆、内蒙古等加工番茄主产区栽培。

29. 京丹 2 号　北京蔬菜研究中心"九五"期间新选育的樱桃番茄杂交种。植株属有限生长类型，叶量稀疏，主茎第五至六节着生第一花序，4～6 穗果封顶，熟性极早。以总状花序为主，每穗结果 10 个以上，高低温下坐果良好，耐热性强。果实多呈高圆或有尖似桃心形，未熟果有绿果肩，成熟果色泽亮红美观，商品性好。单果重 10～15 克，果味酸甜可口，平均糖度 6% 以上。高抗病毒病。是补充夏秋高温淡季栽培的首选品种。

30. 京丹 7 号　北京蔬菜研究中心最新选育的长椭圆形抗裂果樱桃番茄一代杂交种。该品种为有限生长类型，熟性早，采收期集中。主茎第六至七节着生第一花序，以总状花序为主，坐果习性良好。果实长椭圆或倒卵形，与目前市场上的台湾品种"圣女"的果形相同。成熟果色艳红亮丽，单果重 8～12 克，糖度高，口感好，风味浓，抗裂果，耐贮运。适宜集中采摘，专为提供春节前后市场消费的保护地栽培或在海南露地栽培。

31. 樱莎红 2 号　青岛市农业科学院选育出的耐贮藏樱桃番

茄。有限生长类型，生长势强，总状花序，隔 1 叶坐 1 穗果，果实卵圆形，单果重 10～15 克，平均每穗果实 8～12 粒，果实大红色，风味品质好，可溶性固形物含量可达 7%；特耐贮藏，室温下 25℃可贮藏 30 天以上；畸形果很少，基本无裂果；抗枯萎病、病毒病和叶霉病，单季亩产量可达 3 300 千克；从播种至始收 102 天左右。耐低温、弱光，适合保护地和露地栽培。

32. 瑞珍樱桃番茄 台湾引进的高产、抗热、红果、椭圆形樱桃番茄。该品种为早熟品种，高封顶型，生育期 144 天，播种至始花 45～52 天，开花至收获 30～40 天，果实采收期 45～60 天，若肥水条件良好，果实采收期可延至 90～120 天。株高 180 厘米左右，每隔 1～2 节着生 1 花序，每花序具 12～26 朵花，果实长椭圆形，红色，2 心室，含糖量 7.3%，果面光滑。种子千粒重 1.8 克。耐热性较强，生长适温 18～30℃，15℃以下发育不良。果硬，耐贮运，较抗番茄斑点萎凋病毒病和番茄嵌纹病毒病。单果重 10～15 克，每亩产量 3 600 千克左右。

33. 樱红 1 号 河南省农业科学院园艺研究所以荷兰樱桃番茄品种樱桃红为母本、日本樱桃番茄为父本杂交后，通过系统选育而成的早熟樱桃番茄新品种。该品种为无限生长类型，植株生长势中等，叶色浓绿。果实圆球形，亮红色，无绿肩，每穗坐果 30～50 个，单果重 15～20 克。番茄红素含量为 46.8 毫克/千克，比对照台湾圣女增加 168.97%；可溶性糖含量 49.9 克/千克，总酸 0.58%，维生素 C 475 毫克/千克，口感佳，风味浓，果实硬，耐贮运。高抗烟草花叶病毒病，抗根结线虫；田间表现高抗枯萎病，耐青枯病，对根结线虫的抗性强于对照。每亩产量 3 000～3 500 千克，适合全国大部分地区露地和保护地栽培。

34. 里格尔 87 - 5 "里格尔 87 - 5"是新疆石河子蔬菜研究所从国外引进的"里格尔"品种中经多年定向选育出的无支架品种。自封顶早熟类型，株型紧凑，株高约 53 厘米。植株生长势较弱，分枝性较强，普通花叶，叶色深绿，主茎第六至七节着生第一花序，为单花序，3～4 穗果封顶。果实深红色，长圆形，果型整齐，2～3 心室，种子较少，平均单果重 63 克左右。果实高度抗裂，耐贮运性强，采收后在常温下存放 6～7 天不腐烂。番茄红素含量为 153.5 毫克/千克，可溶性固形物 5.51%，总糖 2.54%，酸度 0.2%，对番茄疫病、病毒病和枯萎病有较强抗性。适宜新疆各地及甘肃、内蒙古、东北等地作加工栽培。

35. 新番 20 新疆石河子蔬菜研究所以 TD-09-4-1-2 为母本、以 TD-06-5-2-3 为父本配制而成的早熟加工番茄一代杂种。植株自封顶生长类型，平均高度 60～70 厘米，叶淡绿色，开展度较大，生长势较弱，高温条件下不易落花落果，坐果能力强。果实椭圆形或方圆形，鲜红色，平均单果重 64 克，可溶性固形物 4.76%，番茄红素含量 110 毫克/千克。成熟期集中，较耐压，耐番茄早疫病和细菌性斑点病，无丛生株现象。该品种可在新疆南北疆作加工栽培。

36. 屯河 8 号 中粮新疆屯河种业有限公司利用美国引进加工番茄品种分离选育的自交系 N-375 和 N-47 配制的早熟加工番茄一代杂种。从播种至始收需 94 天左右，属早熟品种。叶深绿色，叶片有缺刻；果实长圆形，鲜红色，着色均匀一致。平均单果重 85 克，可溶性固形物含量 5.4%，番茄红素含量 136 毫克/千克。果实抗裂、耐压、耐贮运，抗逆性强，综合抗病性强于对照 87-5，每亩产量 6 000～7 000 千克。可作为早熟育苗移栽或直播品种栽培。

37. 新番 35 号 新疆石河子市亚心种业有限公司选育的制酱专用品种。自封顶，早熟，全生育期 92 天，植株长势强，平均株高 70 厘米，主茎 6～8 片叶现蕾，第三至五穗果封顶，5～7 个有效分枝，嫩果淡绿色，成熟果深红色，椭圆形，果脐小，3 心室居多，果肉色泽红，果形整齐，下部果实和上部果实大小差异小，平均单果重 92 克，果肉厚 0.85 厘米，番茄红素含量 150 毫克/千克（鲜重），可溶性固形物 5.2%，平均每亩产量 6 840

千克，适宜新疆、内蒙古和甘肃露地栽培。

二、中熟品种

1. 中蔬 5 号　中国农业科学院蔬菜花卉研究所选育的新品种。该品处为无限生长类型，叶量较大，叶色浓绿，长势强，果实近圆形，粉红色，单果重 150 克左右，果面光滑，畸形果和裂果少。每 100 克果实含可溶性固形物 5.3 克、酸 0.56 克、维生素 C13.8 毫克，品质优良，高抗烟草花叶病毒病，耐黄瓜花叶病毒病。中熟种，亩产量 5 000～7 500 千克，全国各地均可种植。主要作露地栽培，也适于春秋大棚、温室等保护地栽培，适应性较广，北京地区春季露地栽培，2 月上旬阳畦播种，4 月下旬终霜后定植。行株距（53～60 厘米）×36 厘米，亩栽 3 000～3 500 株，留 4～5 穗果；春大棚栽培，2 月上旬温室育苗，3 月下旬定植；秋大棚栽培，7 月上旬播种育苗，8 月上旬定植，留 2～3 穗果摘心。

2. 中杂 101　中国农业科学院蔬菜花卉研究所以 002 - 64 为母本、002 - 69 为父本配制的一代杂种。该品种为无限生长类型，节间长，生长势强，于第八节着生第一花序，4 穗株高平均 107 厘米。中早熟，果实圆形，幼果有绿果肩，成熟果粉红色，单果重 200 克左右，商品性好。高抗叶霉病和烟草花叶病毒病，抗黄萎病和黄瓜花叶病毒病，中抗南方根结线虫。保护地栽培一般每亩产量 7 000 千克左右。

北京地区日光温室冬春茬栽培 12 月中下旬播种，翌年 2 月中下旬定植；春塑料大棚 1 月下旬至 2 月上旬播种，3 月中下旬定植。每亩栽 3 000 株左右，苗龄 50～60 天为宜，苗期温度不宜低于 10℃，以防出现畸形果。

3. 中杂 105 番茄　中国农业科学院蔬菜花卉研究所育成的番茄一代杂种。该品种为无限生长类型，生长势中等，早中熟。幼果无绿色果肩，成熟果粉红色。果实圆形，果面光滑，大小均匀一致，单果重 180～220 克。果实硬度高，耐贮运。商品果率高，品质优，口味酸甜适中。抗烟草花叶病毒病、叶霉病和枯萎病。丰产性好，特别适合日光温室和大棚栽培。应根据当地气候条件和栽培方式适时播种。春季保护地栽培苗龄不宜超过 50 天，秋季栽培苗龄不宜超过 30 天。冬春季育苗夜间温度要保持在 11℃ 以上。定植时要多施有机肥，生长中后期加强水肥管理。开花期可用适宜浓度的生长调节剂蘸花，以保花保果。

4. 红杂 25 番茄 中国农业科学院蔬菜花卉研究所配制的罐藏番茄专用一代杂种。该品种为无限生长类型。叶色浓绿，生长势强，第一花序着生在第八至第九节上，以后每间隔 3 叶生 1 花序，每序着花 5～7 朵，坐果率高达 96% 以上。果实长圆形，果脐略有尖突，幼果有浅绿色果肩，成熟果红色，着色均匀，单果重 62～76 克。果实加工性状好，果面光滑、美观，果脐、梗洼极小，果肉厚 9.8 毫米。每百克果实含可溶性固形物 5.3～6.0 克，番茄红素 10.2～10.5 毫克，糖 3.02～3.43 克，酸 0.41～0.54 克，pH4.26。果实紧实，抗裂，耐压，单果最大耐压力可达 7.17 千克，果实硬度 0.52～0.59 千克/厘米^2。高抗烟草花叶病毒病，中抗黄瓜花叶病毒病，中熟种。每亩产 4 200～6 200 千克，适宜北京、黑龙江、山东、河北、宁夏、内蒙古、广东、云南及海南等地种植。北京地区春露地栽培，2 月中旬温床或温室播种育苗，3 月中下旬分苗 1 次，4 月下旬终霜后定植，苗龄 60～70 天。采用高架栽培，行宽株密，每亩栽苗 4 000～4 500 株，单干整枝，每株留 5～6 序果，植株生长中后期，注意灌水追肥，防止空果。及时喷药防治蚜虫及棉铃虫；遇有连阴雨天，要注意对早疫病及晚疫病的防治；及时摘除基部老叶、病叶，加强通风透光。

5. 简易支架 18 番茄 江苏农学院园艺系选育的罐藏番茄专用新品种。该品种为自封顶生长类型，一般着生 2～3 个花序后自行封顶。株矮，分枝多，茎秆粗壮，长势较强。第一花序着生在第七至八节上，以后每间隔1～2片叶着生1花序，单株结果40～60个。果实高圆形，成熟果红色，单果重65克。果肉厚0.7～0.8厘米，果皮厚，抗裂。每百克果实含可溶性固形物5.4克，番茄红素11.47毫克，抗烟草花叶病毒病，中早熟种。每亩产3 500～4 000千克，适宜露地栽培，江苏、浙江等省12月下旬或1月上旬冷床育苗，分苗1次，4月上旬定植，高畦单行栽植，每亩栽苗1 700～1 900株，搭简易支架，不整枝，不打杈。

6. 红牡丹番茄 华南农业大学园艺系选配的一代杂种。植株无限生长类型，株高150厘米以上。果实卵圆形，红色，单果重80～110克。果肉厚，果实抗裂、耐压、耐贮运。高抗烟草花叶病毒病，中抗黄瓜花叶病毒病。中早熟种，每亩产3 400千克左右。适宜春、秋露地栽培。适宜广东、福建、广西等地种植。

7. 华番1号番茄 华中农业大学利用转基因技术将乙烯形成酶（EEE）反义基因导入到番茄中获得耐贮藏番茄系统D2，再以D2和A53为亲本配制的一代杂种。植株无限生长类型。叶色深绿，生长势强。果实圆形，红色，果面光滑，无绿色果肩，单果重100～120克，单株结果18～25个，含耐贮基因，在常温条件下（13～30℃）可贮藏45天左右。品质好，南方一般每亩产2 500千克；高山（越夏）栽培，每亩产5 000千克以上。适宜春、秋两季栽培。适宜湖北、安徽、浙江、广东、广西、河南、河北、陕西、辽宁、吉林、新疆等地种植。长江中下游地区春季栽培，1月播种育苗，3月下旬至4月上旬定植露地，6月上旬至7月上旬收获，贮藏至7～9月供应市场；秋季栽培，7月中旬播种，8月中下旬定植于露地，10～12月在果实转色时采收，贮藏在室内，亦可在植株上延迟收获，于12月至翌年元旦期间供应市场。田间管理与其他番茄相类似。

8. 苏粉8号 江苏省农业科学院蔬菜研究所以GB9736为母本、TM9761为父本配制而成的适合保护地栽培的中熟番茄一代杂种。该品种为无限生长类型，生长势中等，叶片较稀；主茎第

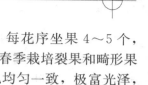

八至九节着生第一花序，花序间隔 3 叶，每花序坐果 4～5 个，果实高圆形，果皮厚且坚硬，耐贮运，冬春季栽培裂果和畸形果少；幼果无绿果肩，成熟果粉红色，着色均匀一致，极富光泽，无棱沟，每穗留 3～4 果时单果重 200～250 克；可溶性固形物含量 5.0％，酸甜适中。高抗叶霉病、烟草花叶病毒病，抗枯萎病。每亩产量可达 6 000 千克以上，适宜南方大棚和北方日光温室栽培，也可在长江以南地区作高山和露地栽培。

9. 穗丰番茄　广州市蔬菜研究所选配的一代杂种。植株无限生长类型，果实圆形，大红色，单果重 150 克。高抗青枯病。中熟种，每亩产 4 500 千克，适宜广东各地露地种植。

10. 浦红 9 号番茄　上海市农业科学院园艺研究所选育。该品种为无限生长类型，中熟，单果重 230～250 克，大红果，果实圆球形，整齐度高，果面光滑，果脐小，4～5 个心室，耐贮运，可溶性固形物含量 4.6％。抗黄瓜花叶病毒病，高抗烟草花叶病毒病、叶霉病。一般在第八节着生第一花序，每花序间隔 3 片叶，每个花序有 5～6 朵花。春季栽培亩产量可达 6 000 千克以上。适合除广西、海南、广东等南方地区外其他各地保护地春提早、秋延后以及冬春长季节栽培，也适应露地栽培。

11. 浦红 10 号番茄　上海市农业科学院园艺研究所选育。该品种为无限生长类型，成串采收，单果重 120～130 克，大红果，果实圆球形，整齐度高，果面光滑，果脐小，耐贮运。可溶性固形物含量 4.6％。抗烟草花叶病毒病、黄瓜花叶病毒病，高抗叶霉病生理小种。一般在第七节着生第一花序，每花序间隔 3 片叶，每个花序有 6～7 朵花，每穗坐果 5～6 个，果实大小和成熟度基本一致，可成串采收。春季栽培亩产量达到 4 200 千克以上。适合保护地春提早、秋延后以及冬春长季节栽培。

12. 申粉 8 号番茄　由上海市农业科学院园艺研究所育成。该品种无限生长，中早熟，单果重 180～220 克，粉红果，果实圆球形，整齐度高，果面光滑，4～5 个心室，可溶性固形物含量 4.7%，果实着色均匀，鲜艳。中抗黄瓜花叶病毒病，高抗烟草花叶病毒病、叶霉病。一般在第六至七节着生第一花序，每花序间隔 2~3 片叶，每个花序有 5~6 朵花。果实耐贮运。春季栽培亩产量可达 5 000 千克以上，适合各地保护地春提早、秋延后以及冬春长季节栽培。

13. 朝研 219 番茄　辽宁省朝阳市蔬菜研究所利用国外资源与国内资源远缘杂交而成。中早熟，无限生长类型，果实圆形，粉红色，果面光滑，无绿果肩，单果重 300~350 克，大果 600 克以上，坐果整齐均匀，持续结果能力强，果肉厚，多心室，成熟后可耐长途运输，货架存放时间长。高抗叶霉病及烟草花叶病毒病，适合秋冬茬大棚、温室及秋冬春一大茬温室及露地栽培。

14. 浙杂 205　浙江省农业科学院蔬菜研究所选育的长货架耐贮运大红果品种。中早熟，无限生长类型。株型紧凑，生长势强，综合抗病性强，适应性广，抗逆性强，特耐低温弱光。果实圆整，单果重 180~240 克，肉厚坚实，果硬抗裂，色泽鲜艳有光泽，低温转色快。商品性强，货架期很长，适合长途运销。连续坐果能力强，产量高。是国外耐贮硬果长货架品种的理想替代品种。

15. 浙粉 302　浙江省农业科学院蔬菜研究所育成。该品种为无限生长类型，中熟；综合抗性好，高抗南方根结线虫，抗烟草花叶病毒病、枯萎病；果实扁圆形，表皮光滑，幼果淡绿色、无绿果肩，成熟果粉红色，色泽鲜亮，着色一致；果实大小均匀，单果重 230 克左右（每穗留 3~4 个果时）；果皮、果肉厚，果皮韧性好，裂果和畸形果少，耐贮运；长势强，叶色浓绿，低温、高温耐受性强，坐果性佳，连续坐果能力好，每亩产量可达 5 500 千克左右。

16. 湘蔬 4 号　湖南省蔬菜研究所育成的耐贮运、高抗青枯病杂交番茄品种。高自封顶类型，株高 150~160 厘米，植株生长势强，第一花序着生于第七至八节，花序间隔 2~3 片叶，果实大红色，近圆形，单果重 150～200 克，皮厚腔小，抗裂果、耐贮运，高抗青枯病，兼抗晚疫病。适宜长江流域、华南地区以及云南、贵州、四川等地栽培。在全生育期中注意防治蚜虫、预防病毒病。氮肥施用不宜过多，重施磷、钾肥，一般采用双干整枝。

17. 耐盐番茄东科 1 号　山东省东营市农业科学研究所通过野生耐盐番茄契斯曼与粤农 2 号远缘杂交，从杂交后代与耐盐亲本多代回交的多个材料里经系统选育而成。该品种为无限生长小果类型，植株长势强，普通叶型，叶色绿，中熟，第一花序一般着生于第七节，每隔 3 片叶着生 1 个花序，每果序坐果 25～30个，果实圆球形，果皮中厚，果色大红，平均单果重 15 克左右，果实酸甜适口，可溶性固形物含量 11%，较耐贮运。抗逆性好，耐低温，可在含盐量 0.6% 以下的土壤上生长；抗叶霉病、灰霉病；适应性强，保护地栽培每亩产量 8 000 千克以上。主要适合在黄河三角洲盐渍土地区和其他次生盐渍化严重地区土壤含盐量在 0.5% 以下的保护地或露地栽培，一般亩保苗 1 800～2 000 株。

18. 耐盐番茄东科 2 号　山东省东营市农业科学研究所通过野生耐盐番茄契斯曼与粤农 2 号远缘杂交，从杂交后代与耐盐亲本多代回交的多个材料里经系统选育而成。该品种为无限生长小果类型，植株长势强，普通叶型，叶色绿，中熟，第一花序一般着生于第七节，每隔 3 片叶着生 1 个花序，每果序坐果 15～20个，果实柱状，果实大红，果皮厚，耐贮运，平均单果重 20 克左右，可溶性固形物含量 8%，可整穗采摘。耐低温，可在含盐量 0.8% 以下的土壤上生长，高抗叶霉病、灰霉病；既可生食，又可作番茄抗病、耐盐砧木，保护地栽培每亩产量 8 000～10 000 千克。主要适合在黄河三角洲盐渍土地区和其他次生盐渍化严重地区土壤含盐量在 0.5% 以下的保护地或露地栽培，一般亩保苗 1 800～2 000 株。

19. 合作 905 辽宁省抚顺市北方农业科学研究所以 89 - 336 为母本、76 - 5 - 15 为父本配制的一代杂种。该品种为无限生长类型，植株生长势中等，茎粗壮，普通叶形，叶片大，深绿色，第七至八节着生第一花序，每花序间隔 3 片叶。果实圆形，幼果浅绿肩，成熟果红色均匀、果面光滑，果脐小，硬度高，8~10 心室，室壁较厚，优果率 95%。坐果率高，平均单果重 250~300 克。中熟，生育期 115 天，保护地栽培授粉后 40~45 天采收，露地栽培 40 天左右采收。耐高温、高湿，抗叶霉病、病毒病。一般每亩产量 6 000 千克左右。全国各地保护地、露地均可栽培。

20. 星宇 201 包头市农业科学研究所由母本 PS015 高代选系与父本 PS011 选系经杂交育成的保护地番茄一代杂种。无限生长类型，中熟，叶量适中，普通叶型，每花序 5~7 朵花，坐果率高。果实高圆形，果型指数 0.91，幼果无绿肩，成熟果粉红色，畸形果、裂果少，平均单果重 210 克，果实大小均匀整齐，硬度大，耐贮运。可溶性固形物含量 5.0%，商品性好。每亩产量 5 000 千克以上。高抗叶霉病，抗病毒病和枯萎病，适宜保护地栽培。

21. 阿克斯 1 号番茄 广东省农业科学院蔬菜研究所选育的秋播中熟番茄一代杂种。无限生长类型，植株生长势强，中熟，播种至初收 108 天；果实扁圆形，果面光滑、有光泽，外形美观，成熟果鲜红色，转色均匀，无青肩，果实硬度好，耐贮运，抗裂果，平均单果重 120 克；口感风味较好，酸甜适中，肉质脆嫩，品质较优；田间表现抗病毒病，耐寒性强，耐热性中等。每亩产量 2 900 千克左右。前茬为水稻地最好，注意防治番茄青枯病；及时疏花疏果，保持每序果 4~5 个。

22. 晋番茄 6 号 山西省农业科学院蔬菜研究所选育。该品种中早熟，无限生长类型；植株生长势较强，不易发生畸形果、裂果，果实硬度较好，较耐贮运，品质风味好。普通叶型，叶量中等,第六至七节着生第一花序。果实近圆形,成熟果大红色,无绿色果肩,果面光滑,果脐小,单果重 180~250 克。高抗烟草花叶病毒病,中抗黄瓜花叶病毒病。平均每亩产量 6 800 千克左右。适宜山西省食用红果地区保护地栽培。

23. 济农丽粉　山东省济南市农业科学研究所以自交系福寿 99011 - 1 为母本、自交系朝研 99003 - 1 为父本配制而成的保护地番茄一代杂种。该品种为中熟品种,无限生长类型。植株生长势强,坐果率高,果皮粉红色,无绿肩,果实大小均匀,果形指数 0.83,心室数 4.3 个,表皮光滑,韧性强,不易裂果,耐贮运。果味纯正,酸甜适中,单果重 250 克左右,春大棚栽培每亩产量 10 000 千克左右,冬日光温室栽培每亩产量 13 000 千克左右,适于华北地区冬日光温室、春大棚、秋大棚栽培。

24. 渝粉 109 番茄　重庆市农业科学院蔬菜花卉研究所选育的中熟番茄一代。无限生长类型,植株生长势强。叶色浓绿,第一花序着生于第七至九节,花间叶 2~3 片。每穗坐果 3~4 个,果实圆形或扁圆形,无绿色果肩,成熟果粉红色,平均单果重 188 克,可溶性固形物含量 4.6%,可溶性糖 3.12%,可滴定酸 0.28%,酸甜适中。抗病毒病,中抗枯萎病。平均每亩产量 5 400 千克左右。适宜北京、甘肃、辽宁、山东、河北、河南、重庆、四川等地的适宜地区作露地栽培。

25. 川科 4 号番茄　四川省农业科学院经济作物育种栽培研究所选育的中熟番茄一代杂种。无限生长类型。叶色深绿,果实近圆形,红色,硬度中等,平均单果重 84.0 克,可溶性固形物含量 7.02%,商品果率 86%,抗病毒病、青枯病、枯萎病及叶霉病。平均每亩产量 2 500 千克左右。适宜越冬茬、秋延迟、春早熟栽培。可在重庆、上海、山东、河北、黑龙江、陕西等地适宜地区作保护地栽培。

26. 莎龙番茄　青岛市农业科学研究院选育的中早熟番茄一代杂种。无限生长类型,生长势强。叶色灰绿,总状花序。坐果率高，果面光滑，耐贮藏，室温货架期在 20 天左右，果实圆及扁圆，果形指数 0.85，果色红，单果重 132 克，可溶性固形物含量 4.7%。抗病毒病、枯萎病和青枯病，中抗叶霉病和南方根结线虫病。平均每亩产量 6 400 千克左右。适宜山东、北京、辽宁、内蒙古、江苏、浙江适宜地区作保护地栽培。

27. 天正红珠番茄　山东省农业科学院蔬菜研究所选育的中早熟番茄一代杂种。无限生长类型，生长势强。茎秆粗壮，叶片较小，叶色浓绿。第一花序着生于第七至八节，以后每隔 3 片叶着生一花序，花序大，复穗状。每穗平均坐果 30 个以上，果实圆形，成熟后红色，果皮薄，汁多，平均单果重 12 克左右。可溶性固形物含量 8%~9%。抗病毒病。平均每亩产量 3 700 千克左右。适宜越冬茬、秋延迟、春早熟栽培，适宜山东、河北、黑龙江、福建、重庆、陕西适宜地区作保护地栽培。

28. 琳达　以色列海泽拉优质种子公司培育的适合南方露地栽培的抗番茄黄化曲叶病毒（TY）的中熟番茄品种。无限生长类型，植株长势旺盛。单果重 160~220 克。果实扁球形，色泽鲜红亮丽，无绿果肩。硬度好，耐贮运。抗 TY、黄萎病、枯萎病生理小种 1 和 2、烟草花叶病毒及根结线虫。适合秋、冬、春茬栽培。该品种在云南、广西等地的秋冬茬表现优秀。

29. 凯美瑞　先正达种业（中国）引入中国的无限生长类型大红番茄一代杂种。中熟，长势较强，节间较短。坐果性好，适应性广。果实均匀，单果重 180~200 克，产量高，硬度好，耐贮运。抗根结线虫、黄萎病生理小种 1、枯萎病生理小种 1 和 2、烟草花叶病毒病、镰孢冠状根腐病。适合北方地区秋季栽培。

30. 佳红 6 号　北京市农林科学院蔬菜研究中心育成的中熟番茄新品种。无限生长类型，主茎第七至八节着生第一花序。未成熟果显绿肩。成熟果红色，中大果形，单果重 200 克左右，果形稍扁圆和圆形，果肉较硬，果皮韧性好，耐裂果性强，在夏秋季节种植，采收期麻裂果现象很少。抗根结线虫、病毒病和枯萎病。适合保护地兼露地栽培，以越夏和秋延迟栽培效果更好。

31. 杭杂 301 浙江省杭州市农业科学研究院育成的抗番茄黄化曲叶病毒病的番茄新品种。该品种为无限生长类型，植株生长势强；早中熟品种，第一花序着生于第七至八节，花序间隔3叶；每花序坐果 5～7 个，连续坐果能力强；果形指数 0.85，果实扁圆形，果面光滑，2～3 心室，果脐及梗洼小；果肉厚，果实硬度 1.05 千克/厘米^2，耐贮运；成熟果大红色，着色一致，无青肩，商品性好；每穗留 3～4 果时，平均单果重 170 克；品质佳，高抗番茄黄化曲叶病毒病，春大棚栽培每亩产量 6 000 千克，秋大棚栽培每亩产量 4 800 千克，适于番茄黄化曲叶病毒病发生严重的地区栽培。

32. 皖红 3 号 安徽省农业科学院园艺研究所、安徽省爱地农业科技有限责任公司选育，属高架非自封顶类型。植株生长势极强，植株高达 2.5 米以上时能正常结果。中熟，始花节位第七节，品质及商品性极好。经测定，商品果的可溶性固形物含量达 6.3%，甜酸适度，风味浓，口感好。果实高圆形，大红色，无青肩，果脐小，无裂果现象。一般单果重 350 克左右，亩产 10 000千克，抗病毒病、灰霉病，适应范围广。

33. 圣果 安徽省农业科学院园艺研究所、安徽省爱地农业科技有限责任公司选育的新型一代杂种樱桃番茄，属非自封顶型。植株生长势强，叶色深绿，叶片较少。始花节位为第七至八节，花序隔叶数 2～3 片，每花序坐果 30～50 个。果实长圆形，果色鲜红，风味好，口感佳，可溶性固形物含量 9.5%，单果重 12～18 克。熟性中早，开花后 30～40 天可采收。抗病性极强，耐低温弱光，适应范围广。

34. 京丹 1 号 北京市蔬菜研究中心"九五"期间新选育的樱桃番茄杂交种，高抗病毒病，对晚疫病有较强的耐性。植株为无限生长型，叶色浓绿，生长势强，第一花序着生于第七至九节，坐果力强，每花序可结果 15 个以上，最多可坐果 60 个以上。果实高圆形，未成熟果有绿色果肩，成熟果为红色，平均单果重 10 克。糖度 8%～10%，果味酸甜浓郁，唇齿留香。中早熟，春季定植后 50～60 天开始收获；秋季从播种至开始收获 90 天。在高温和低温下坐果性良好。适于保护地长季节栽培，产量产值高，是特菜栽培的优选品种。

35. 京丹 5 号　北京市蔬菜研究中心最新选育的椭圆形抗裂果樱桃番茄一代杂交种。无限生长，中熟。主茎第七至八节着生第一花序，总状和复总状花序，坐果习性良好。果实长椭圆或倒卵形，与目前市场上的台湾品种"圣女"的果形相同。成熟果红色亮丽，平均单果重 12 克，糖度 10%左右，口感好，风味浓，抗裂果，耐贮运。连续生长能力强，适宜保护地长季节栽培。

36. 京丹 6 号　北京市蔬菜研究中心最新选育定型的硬肉型大樱桃番茄一代杂交种。高抗病毒病和叶霉病。无限生长，中早熟。主茎第七至八节着生第一花序，总状和复总状花序，每序花朵数 7～20 个不等。果实圆形有稍微显尖，未成熟果有绿色果肩，成熟果深红光亮，平均单果重约 23 克，果味酸甜浓郁，口感极佳，果肉硬，抗裂果，可成串采收。连续生长能力强，适宜保护地长季节栽培。

37. 京丹彩玉 1 号　北京市蔬菜研究中心最新特色番茄一代杂交种。无限生长，中早熟，主茎第六至七节着生第一花序，总状花序。每序结果 5～8 个，果实长卵形。未成熟果有浅绿色果肩，且在浅绿色果面上有深绿条纹和斑点，成熟果为红色底面上镶嵌有金黄色条纹。果皮厚、韧性好、不易裂果。单果重 30 克左右，果味酸甜浓郁，口感好。是保护地特菜生产中的佳品。

38. 京丹彩玉 2 号　北京市蔬菜研究中心最新特色番茄一代杂交种。无限生长，中早熟，主茎第六至七片叶着生第一花序，总状花序，每序结果 5～8 个，果圆形，未成熟果有绿色果肩，且在浅绿果面上有深绿条纹和斑点，成熟果为粉红色底面上镶嵌有金黄色条纹。果皮厚、韧性好、不易裂果。单果重 30 克左右，果味酸甜浓郁，口感好。是保护地特菜生产中的佳品。

39. 京丹黄玉 北京蔬菜研究中心最新选育的特色番茄新品种。抗病毒病和叶霉病，无限生长，中早熟，主茎第六至七节着生第一花序，总状花序为主，每序结果 6～10 个，果实长卵形，未成熟果显微绿果肩，成熟果颜色嫩黄诱人，单果重 30 克左右，口感风味佳，是保护地特菜生产中的珍稀品种。

40. 京丹绿宝石 北京市蔬菜研究中心最新选育的特色番茄一代杂交种。抗病毒病和叶霉病。无限生长，中熟，主茎第七至八节着生第一花序，总状和复总状花序，每序结果 8～20 个，圆形果，幼果有绿色果肩，成熟果绿色透亮似绿宝石。单果重 30 克左右，果味酸甜浓郁，口感好。是保护地特菜生产中的珍稀品种。

41. 京丹彩蕉 1 号 北京市蔬菜研究中心最新选育的特色番茄一代杂交种，有限生长，中熟，主茎第七至八节着生第一花序，坐果率高，长果，形似香蕉，成熟果有红黄相间彩纹，汤汁少，干物质含量较高，抗裂果，耐贮运。适合保护地和露地种植。

42. 新番 15 号 新疆生产建设兵团农七师农业科学研究所选育的加工番茄新品种，母本是从美国加工番茄材料 N15 中经多代定向系选育成的优良自交系 97-2，父本是从甘肃地方品种中经多代自交选育成的自交系 9786。该品种为有限生长类型，中熟，植株生长势较强，株高 80.3 厘米，开展度 59.5 厘米，第七节着生第一花序，坐果率高，连续坐果性好。果实长圆形，幼果无绿色果肩，成熟果鲜红色，着色均匀，果实成熟期集中，单果重 80 克左右，果肉厚 0.92 厘米，紧实、抗裂、耐压。对早疫病、晚疫病的抗性强于对照 87-5 和改良 VF，每亩产量 7 500 千克，适于在新疆、甘肃等加工番茄基地种植。

43. 石红 9 号 新疆石河子蔬菜研究所以 3071-3-5 为母本、3072-4 为父本配制的中熟、制酱专用罐藏加工番茄一代杂种。自封顶类型，中熟，植株长势中等偏强，株高 72 厘米，主茎第七至八节着生第一花序，3～4 序花封顶；果实深红色，高圆形，3～4 心室，平均单果重 82 克，抗裂、耐压、耐贮运，可溶性固形物含量 4.92%，番茄红素含量 154.8 毫克/千克（鲜重），总糖 3.20%，总酸 0.27%，干物质 5.92%，每亩产量 6 500 千克左右，适于新疆南北疆等加工番茄产区种植。

三、晚熟品种

1. 鉴 18 番茄　江苏农学院园艺系选育的罐藏番茄新品种，植株无限生长类型，生长势强，第一花序着生在第十节，以后每间隔 2～3 节着生 1 花序，果实高圆形，红色，单果重 50 克以上，果肉、胎座及种子外围胶状物均为粉红色，每百克鲜果含可溶性固形物 5.5 克，番茄红素 10.28 毫克。高抗烟草花叶病毒病，耐贮运，不裂果。中晚熟种，每亩产 4 500 千克。适宜露地栽培，长江流域，春露地栽培，12 月下旬至翌年 1 月上旬冷床播种，移苗 1 次，4 月上旬定植，行距 70 厘米，株距 25 厘米，每亩栽苗 3 500～4 000 株，采用单干整枝或一干半整枝。定植缓苗后果实开始膨大时及始收期各追肥 1 次，并注意定期喷药，防治病虫害。

2. 毛粉 802　西安市蔬菜科学研究所选配的一代杂种。植株无限生长类型，有 50% 植株全株长有长而密的白色茸毛，长势较强。第一花序着生在第九至第十节之间，节间短，坐果集中，果实圆整，幼果有绿色果肩，成熟果粉红色，单果重 150 克左右，最大 500 克，果脐小，果肉厚，不裂果。每 100 克果实含可溶性固形物 4.9 克、酸 0.55 克、维生素 C16.46 毫克，品质好，高抗烟草花叶病毒病，抗黄瓜花叶病毒病，对蚜虫和白粉虱的抗性也较强。中晚熟种，亩产量 4 000～5 000 千克，最高达 8 000千克左右。全国各地均可种植，适于春季露地及保护地栽培。

3. 秋星　广东省农业科学院经济作物研究所选育，植株无限生长类型，第一花序着生在第八至九节之间，以后每隔3叶着生一花序，果实高圆形，幼果有绿色果肩，成熟果红色，单果重100克，果肉厚约0.6厘米，甜酸适度，可溶性固形物含量约5.1％，不耐热，耐青枯病。中晚熟种，亩产量3 000～4 000千克。广东及华南部分地区均可种植，适于秋季栽培，广州地区7月下旬至8月下旬播种，11月中旬始收。

4. 晋番茄5号 山西省太原市农业科学研究所以引进材料山东B6和F862经自交纯化、杂交后系统选育而成。该品种属无限生长的大果型中晚熟品种，株型紧凑，生长势强，株高124厘米，叶片大而肥厚，叶色浅绿，第一穗花位于第七至九节，节间短。单果重最大700克，平均300克左右，大红果，无绿肩，红熟后不裂果，不落果，转色快，硬度高，耐贮运。品质好，维生素C含量156.1毫克/千克，还原糖2.64％，有机酸0.54％，糖酸比4.9，可溶性固形物6.3％。亩产量6 000～7 500千克。从出苗到果实转色约117天，早期坐果好。较抗烟草花叶病毒病和早疫病。在山西省各地露地均可种植。晋中、晋南可栽一茬或4穗果打顶种两茬，太原以北适宜种一茬。

5. 粉莎1号番茄 青岛市农业科学院以自交系S1和S93配制的一代杂种。中晚熟，无限生长类型，生长势强，叶色浅绿；果色粉红，果实圆形，平均单果重250～270克；品质好，可溶性固形物含量5％以上，较耐贮藏；每亩产量8 000～12 000千克，抗病毒病、枯萎病、青枯病，中抗叶霉病和南方根结线虫。适合春秋保护地及露地栽培。

6. 阿乃兹番茄 以色列海泽拉优质种子公司引进的夏秋播番茄品种。无限生长类型，生长势较强，连续结果性佳。第一花序着生于第九节左右，花序间隔3～4叶，果实扁圆形，果型指数0.7左右，萼片大，平均单果重160克左右；成熟果红色，着色均匀，果面亮度好，硬度高，耐贮运；果实可溶性固形物含量较高，商品性好。夏播至始收130天左右，冬季低温情况下果实转色快。田间表现较抗黄萎病、枯萎病、烟草花叶病毒病。采用6～8穗果摘心的方式栽培，每亩产量6 000千克左右；采用长季节栽培，每亩产量可达12 000千克。适宜浙江省保护地栽培。青枯病发生区应避开高温季节栽培。

7. 东农711 东北农业大学园艺学院以94-208为母本、94-125为父本配制而成的中晚熟番茄一代杂种。该品种为无限生长类型，生长势强，中晚熟。果实红色，中型果，圆形，果面光滑，果脐小，外形美观，单果重160～180克。畸形果率为0.2%，裂果率为0.3%，整齐度极高，果肉厚，耐贮运，室温下（25℃）货架期长达25天。耐高温和弱光能力强，高抗烟草花叶病毒病、黄萎病和枯萎病。每亩产量8 500～13 000千克，适合全国各地保护地和露地栽培，特别适合早春和秋延后保护地栽培。

8. 东农712 东北农业大学园艺学院以01HN43为母本、01HN37为父本配制而成的中晚熟番茄一代杂种，该品种为无限生长类型，生长势强，叶片深绿色；中晚熟，生育期117天左右；果实高圆形，果脐小，果肉厚，幼果无青肩，成熟果粉红色，果面光滑圆整，单果重240～300克；耐贮运，货架期达10天以上，不裂果，成熟果硬度0.49千克/厘米^2，高抗烟草花叶病毒病、叶霉病、枯萎病和黄萎病。每亩产量6 500～8 500千克，适合全国各地保护地和露地栽培。

9. 新番4号 由新疆农业科学院与新疆屯河种业共同选育的品种，为供应晚期原料的适宜品种之一，适宜加工番茄酱。植株自封顶生长类型，植株平均高度72厘米，主茎着生2～4穗花后封顶，第一花序着生于主茎第六至七节，花序间隔1～2片叶。果实长圆形，红色，着色一致，无青肩，平均单果重70克，可溶性固形物含量5.6%，每百克番茄红素含量13.42毫克，果肉厚，果实较硬，较耐压，酸度低。综合抗病性强，高抗早疫病。该品种为晚熟品种，每亩栽培株数2 800～3 000株，产量可达

5 000～7 000 千克。

10. 新番 39 号　新疆农业科学院园艺研究所利用自交系 PT-137 和 PT-25 配制的晚熟加工番茄一代杂种。从播种至始收 123 天左右，自封顶类型。叶深绿色，叶片有缺刻。果实高圆形，鲜红色，着色均匀一致。平均单果重 81 克，可溶性固形物含量 5%，可溶性果胶含量 1.02%，果梗无节，果实硬度好，特别抗裂耐压耐贮运，适宜机械一次性采收。果实可溶性果胶含量高，原料可加工高黏番茄酱。综合抗病性好，丰产性强，一般每亩产量 6 000～8 000 千克。可作为晚熟育苗移栽机械采收或直播品种栽培。

11. 新番 40 号　新疆农业科学院园艺研究所利用美国引进加工番茄品种分离选育的自交系 PT-117 和 PT-25 配制的晚熟加工番茄一代杂种。该品种从播种至始收 123 天左右，属晚熟品种。叶深绿色，叶片有缺刻；果实高圆形，鲜红色，着色均匀一致。平均单果重 86 克，可溶性固形物含量 5.0%，水溶性果胶 0.9%，果梗无节，果实硬度好，特别抗裂、耐压、耐贮运，适宜机械一次性采收，综合抗病性好，一般每亩产量 6 000～8 000 千克。可作为晚熟育苗移栽机械采收或直播品种栽培。

12. 申粉 998 番茄　上海市农业科学院园艺研究所选育的中晚熟番茄一代杂种。该品种为无限生长类型，果实圆形，粉红色，平均单果重 194 克，可溶性固形物含量 5.0%，口感微甜。果实商品率 86%。抗烟草花叶病毒病，耐黄瓜花叶病毒病，抗叶霉病。每亩产量 6 200～6 500 千克。适宜上海、辽宁、陕西、河北、河南等地适宜地区作保护地栽培。

13. 京丹 3 号　北京市蔬菜研究中心选育的樱桃番茄新品种。无限生长型，生长势适中，节间稍长，有利于通风透光。主茎第八至九节着生第一花序，高低温下坐果性良好，成熟果艳红亮丽，果形长椭圆或长卵形，单果重 10～15 克。果实含糖量 8%～10%，甜酸浓郁，品质佳，裂果少。产量及品质均达国际同类品种的水平。连续生长能力强，适宜保护地长季节栽培。

14. 京丹 4 号　北京市蔬菜研究中心"九五"期间选育出的樱桃番茄新品种。高抗病毒病和叶霉病。植株为无限生长，生长势强，叶量适中。主茎第八至九节着生第一花序，总状和复总状长花序，坐果能力强，每穗可结果 20 个以上，最多可坐果上百个。果实圆形，未成熟果有绿色果肩，成熟果为红色，单果重 10 克左右。口味甜酸浓郁，品质佳。

15. 沪樱 5 号番茄　上海市农业科学院园艺研究所选育的中晚熟番茄一代杂种，无限生长类型。不规则花序，每个花穗结果 20 个左右，坐果性能好。果实圆形，成熟果为红色，果实硬度中等，单果重 12～15 克，可溶性固形物含量 6％～8％，口感酸甜适中至甜，果实商品率 74％。抗烟草花叶病毒病，耐黄瓜花叶病毒病，抗叶霉病。每亩产量 3 200～3 400 千克，适宜山东、河北、陕西、上海等地作保护地栽培。

第四节　番茄栽培季节及管理技术

一、栽培季节

番茄不耐霜冻，也不耐高温，因而整个生长期要在无霜期内，日平均气温在 15℃以上，同时又要求没有高温、多雨。

我国各地的气候条件不同，可以把全国分为四个主要的生长季节区：东北区、华北和西北区、长江中下游地区、华南区。

1. 东北区　包括东北各省及高寒地区，均属夏季栽培，春播而夏收。每年露地生产一茬，生长期长，产量较高。一般于 3 月中下旬播种育苗或 5 月露地直播，7～9 月采收，早霜前拉秧。

2. 华北和西北区　华北区以华北平原为主，番茄栽培可以分为春番茄和秋番茄，而以春番茄为主。西北区的番茄露地栽培可分为春茬番茄、夏番茄和春到秋一年一大茬栽培番茄。西北地区罐藏加工番茄多是露地一年一大茬栽培。

3. 长江中下游地区　在我国南方的长江中下游地区以春夏栽培为主，少量可以秋季栽培。前者亦称春播番茄或春番茄，后者称为秋播番茄或秋番茄。春番茄在冬前的11～12月温床或冷床播种育苗，到清明前后定植到露地。这样从5月下旬开始采收，6月下旬到7月上旬为盛果期，7月中下旬为末果期，早熟种在6月中下旬为盛果期，7月上旬为末果期。云南、贵州基本上也是这样。

四川盆地内栽培番茄，需要力争早育苗、早定植。2月下旬即定植露地，但往往第一蓖花因低温而凋落，必须化学药剂处理。7月中旬开始，昼夜温度都过高，植株衰弱，花而不实，但可栽培秋番茄，或利用海拔较高和深丘陵区进行晚熟栽培，以延长供应期至8～11月。栽培中须注意防治青枯病、晚疫病、病毒病三大病害。

4. 华南区　在珠江流域，因夏季温度高且时间长，从5月到10月，月平均气温均在24～28℃。冬季气候不冷，所以均为秋、冬季栽培，于8～9月露地播种、育苗，从11月到第二年3月采收。福建南部以秋、冬番茄为主，福建北部，秋、冬番茄，7月播种，10月开始采收。

二、北方越冬茬番茄高效栽培

番茄越冬茬栽培在华北地区是中秋播种育苗，初冬定植，春节前开始上市的一种栽培方式。番茄属喜温作物，在寒冬栽培必须利用保温性能良好的日光温室。华北地区番茄越冬栽培的育苗播种期为9月上旬至10月上旬，定植期在11月上旬至12月上旬，采收期在1月中下旬开始。

（一）品种选择

应选择在低温弱光条件下坐果率高、果实发育快、果实较大、商品性好的品种。如红粉冠军（温室大棚专用品种）、豫番茄1号、中杂10号（中熟种）、中杂12号、中杂105、毛粉802

（中晚熟）、合作 906、L402、飞天（中型果）等。

（二）育苗

1. 苗床准备　必须选择地势较高、排水良好且通风的地方，作成 1～1.5 米宽的育苗畦，每平方米施腐熟农家肥 20 千克，翻 10 厘米深，耙平畦面。

2. 种子消毒和浸种催芽　每亩用苗需种量 30～40 克。首先用清水漂去瘪籽，然后用 55℃左右的温水浸种 10～15 分钟，不断搅拌，至水温降至 25～30℃时，再浸种 4～6 小时。然后进行种子消毒，用 0.1％高锰酸钾或 10％磷酸钠溶液浸种 20 分钟后，用清水洗净，在清水中浸泡 5～6 小时，然后将种子捞出，用双层湿毛巾包好，放在 25～30℃条件下催芽。每天用清水冲洗 2～3 次，再把种子表面的水晾干然后催芽，待 2～3 天、有 70％～80％种子出芽后即可播种。

3. 播种方法　播前育苗畦浇透水，待水渗下去后，在畦面按 10 厘米行距开划浅沟，把催出小芽的种子条播于沟中，然后覆盖 0.8 厘米厚的营养土。

4. 苗期管理　秋冬茬番茄一般不分苗。因温度高，幼苗生长快，播种 45 天左右、长出 7～8 片真叶时即可定植。出苗前要保持床面湿润，出苗后适当控制水分。若幼苗有徒长趋势，用 0.05％～0.1％矮壮素喷洒，可防止徒长。幼苗出土后 7 天喷 1 次防治蚜虫的药剂，防止蚜虫传播病虫害。出苗后分次及时间苗，定植前保持株距 7～8 厘米。

（三）整地施肥

一般在 10 月番茄定植前上膜，然后平整土地，深翻 30～40 厘米。番茄属于深根性作物，喜肥、耐肥能力较强，结合深翻每亩施腐熟细碎的有机粪肥 5 000 千克，并掺入骨粉或钙镁磷肥做基肥施入。其中 2/3 全面撒施，其余 1/3 有机肥再配合过磷酸钙 40～50 千克，或磷酸氢二铵 20～30 千克，或腐熟饼肥 100～300 千克进行垄下条施。肥土混匀后作垄，垄一般南北方向延长，垄宽 30～40 厘米，畦宽 50～60 厘米。

（四）定植

一般早熟种按行距 40 厘米，株距 24～28 厘米，每亩栽苗 6 000～7 000 株；中晚熟种按行距 50 厘米，株距 30～33 厘米，每亩栽苗 4 000～4 400 株。定植前 1～2 天浇透水切方起苗。按上述株行距在垄的两面离畦面高约 5 厘米处定植，因定植时期温度较高，干畦定植时可在定植后浇 1 次透水。

（五）定植后管理

1. 架设反光幕　为了提高节能型日光温室的光照强度，温室覆盖薄膜时或幼苗缓苗后，在温室北侧架设反光幕，有利于改善室内光照条件、提高温度。

2. 调控温度和湿度　越冬茬番茄温室栽培前期，外界气温由高逐渐降低。因此，温室内温度的调节也要随着外界气温的变化和番茄不同生育阶段对温度的需求而灵活掌握。温室内温度的调控主要是通过提前或推迟揭盖蒲席或草苫的时间、变换通风方式及增减通风量来实现。

日光温室栽培番茄的温度控制，一般白天掌握在 25～28℃，最高不宜超过 30℃，夜间控制在 15～17℃，清晨最低温度不宜低于 8℃。番茄不同生育阶段所需求的温度略有差异，一般开花期应掌握比标准略低 1～2℃，果实发育期略高 1～2℃。

番茄生长、开花、结果期间易滋生和蔓延各种番茄病害。因此，在保证番茄正常生长发育的前提下降低空气相对湿度。温室内空气相对湿度过大会影响植株的正常生长发育，可通过改善通风、浇水、喷药等措施，使温室内空气相对湿度保持在 50%～60% 为最宜。

3. 浇水和追肥　番茄生长前期应适当控制浇水和追肥；中、后期可适当增加肥水，并经常保持土壤湿润，防止忽干忽湿，一般每间隔 8～10 天浇 1 次水，不宜大水漫灌。浇水、追肥应选择在晴天进行，浇水后还要加大通风量，降低温室内空气相对湿度，防止病害发生。

在番茄生长期中应补施有机肥。番茄第一次坐果的果实采收结束时追施1次农家肥，每亩施2 000千克，并掺入磷酸氢二铵50千克；第二次坐果期的第三穗果坐住后，再补施1次农家肥，以提高果实品质。其次向叶面喷施一些微肥，如硼镁肥、硫酸锌等，协调植株养分供应和增强植株抗病力。

4. 吊蔓整枝　定植后番茄长出1～2片新叶时开始吊蔓，吊蔓绳一端系在番茄基部，另一端系在南北走向的粗铁丝上。吊蔓时，绳两端都打成活扣，以便随着植株生长调节绳的松紧，番茄进入初花期后进行整枝。采取双干整枝，若单干整枝，定植时相对增大密度。双干整枝时把主茎和一个长势旺的侧枝作为两主干，去掉其上所有的侧枝，然后分别进行吊蔓，以后每周进行一次整枝，去掉番茄植株基部及每个主干叶腋处新长出的侧枝。在第一次采收后期天气开始转暖，整枝时，在番茄基部新发出的侧枝中选2个长势旺的培育为新主干，主干上的侧枝全部去掉。果实采摘完后，在距新培育的侧枝上面20厘米处剪掉主干，并对培育的侧枝进行吊蔓整枝，使番茄进入第二次结果期。以后的整枝方法相同。

5. 合理喷花　番茄前两次开花坐果时光照充足，花大多形成长（中）柱花，坐果率高。但为了每穗果大小均匀，采收期相近，仍需人工处理。具体方法是：待每个花序有5～7朵小花开放时，疏掉花序上未开放的花，用番茄灵喷番茄花的浓度为30～50毫克/千克。当果实直径长至3～4厘米时，可根据番茄品种进行疏果，中型果每穗留4～5个果，大型果每穗留2～3个果。

6. 及时疏叶　番茄第一穗果进入绿熟期时去掉下面所有的叶片，并且将主干上的叶片疏掉一部分，以改善植株间的透光性并增强光照，促进果实成熟。随后每采摘一穗果，便去掉相邻一穗果下面所有叶片。此方法还可有效地预防早疫病、晚疫病和灰霉病。但番茄第二次坐果进入采收期时仅采收果实而不疏叶。

（六）适时采收

番茄就近运销的果实以转色期采收为宜，若处于成熟期的果实，只能就近销售，不能运输；若要长途运输以绿熟期采收为宜。

三、北方番茄春早熟栽培

在我国华北地区番茄春早熟栽培是在冬季播种育苗，冬季或初春定植在保护设施里，在春季或初夏开始采收的一种栽培方式。它比露地栽培可提早 1~2 个月上市，解决了春末和初夏果菜供应的淡季问题，是番茄周年供应重要的一环。是保护地栽培中最好的一种栽培方式。其经济效益也十分可观，在保护地栽培中发展应用最早，面积也最大。

（一）栽培设施及时间

番茄春早熟栽培所利用的保护设施有日光温室，塑料大、中、小棚，风障阳畦等。其播种栽培时间因利用的设施和当地的气候条件不同而异。

1. 日光温室　番茄春早熟栽培的经济效益一般不如越冬栽培，保温性能良好的日光温室多用于越冬栽培，春早熟栽培利用保温性能稍差的春用型日光温室。华北地区的播种育苗期为 12 月上中旬至翌年 1 月上中旬，1 月下旬至 2 月下旬定植，4 月上中旬开始收获。

2. 塑料大棚　由于顶部不能覆盖草苫等保温覆盖物，保温效果较差，在夜间一般比外界高 3~5℃。因而，播种育苗及栽培期应稍迟一些。华北地区一般于 1 月中旬播种，3 月中下旬开始定植，5 月上中旬开始收获。

3. 塑料中小棚　塑料中小棚可覆盖草苫等保温覆盖物，也可以不覆盖草苫。有草苫覆盖的中、小棚，保温性能优于塑料大棚，而次于日光温室。番茄的育苗播种期可在 1 月上中旬，3 月上中旬定植。无草苫覆盖时，保温性能次于塑料大棚，栽培时间应比塑料大棚延迟。

4. 风障阳畦 华北地区一般于12月下旬至翌年1月上旬育苗，2月下旬至3月上旬定植，4月底至5月初开始采收。

在高纬度地区上述栽培期可稍延后，而在温暖地区可稍提前。

（二）品种选择

选用的品种应具有耐低温、弱光的特性。此外，还要求品种具有第一花序节位低，坐果率高，早期产量高，成熟期集中等特性。可选用红粉冠军、中杂10号、合作903、郑粉4号、TM-843F$_1$等品种。

（三）主要栽培措施

1. 育苗 番茄应在大棚或温室内育苗。播前进行种子处理，播后温度保持在白天25～30℃，夜间15～18℃；子叶展开后白天温度保持20～26℃，夜间15～17℃。幼苗长出2～3片真叶时分苗。定植前1周炼苗。

番茄定植前壮苗的形态是：叶龄8叶1心，苗龄50～55天，第一花蕾初现，叶色绿，秧苗顶部平而不突出，高20厘米，茎粗0.5厘米左右，根系发达，须根多。

2. 整地施肥 每亩施优质有机肥4 000～5 000千克和氮磷钾复合肥30千克做基肥，深翻整平。深翻前每亩用辛硫磷250克和多菌灵1.5千克进行土壤消毒。沿大棚方向作长垄，垄高25厘米左右，垄距110厘米。番茄采用单垄双行定植。垄上行距40厘米、株距30厘米。每亩定植株数约4 000株。

3. 定植及管理 适宜的定植期是保护设施内10厘米处地温稳定在8～10℃以上，夜间最低气温不低于12℃时。定植初期外界气温低，可采用大棚扣小拱棚、小拱棚覆盖草苫的方法保温。缓苗后白天温度保持在25℃左右，夜间15～17℃。后期视外界温度情况适时揭去草苫采用单干整枝方法，每株留3～4穗果。

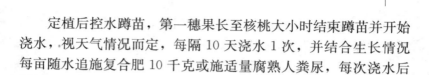

定植后控水蹲苗，第一穗果长至核桃大小时结束蹲苗并开始浇水，视天气情况而定，每隔 10 天浇水 1 次，并结合生长情况每亩随水追施复合肥 10 千克或施适量腐熟人粪尿，每次浇水后要加大通风量，以防因湿度过大而引起病害。

（四）适时采收

番茄于 4 月上旬开始采收上市，为了提早果实成熟上市，可在果实绿熟期或转色期采收。收后用 2 000～4 000 毫克/千克的乙烯利液浸果，取出后放在 22～25℃ 的条件下催熟。此法可提前 5～7 天上市。

四、南方番茄保护地栽培

我国南方蔬菜保护地设施主要有塑料大棚，小拱棚和地膜等，用保护地栽培春番茄较露地上市早，产量高，这是由于春季气温回升，光照时间长，在保护地内光温条件好，有利于番茄的生长发育，使其接近或超过露地栽培的产量。

在四川用小拱棚加地膜覆盖或大棚加地膜覆盖栽种番茄，可比露地栽培早熟 20～30 天，产量增 15%～30%，亩产值大大提高，很有发展前途。

（一）大棚番茄春季早熟栽培技术

保护地早熟栽培的品种要求抗寒性强，早熟丰产，耐弱光，植株开展度小，分枝性弱，节间短，不易徒长，适宜密植，如早丰、早粉 2 号、早魁、毛粉 802、中杂 7 号、中杂 9 号、中杂 101、苏粉 2 号、湘番茄 1 号、浙杂 805 等中早熟品种。

1. 育苗　大棚春番茄在四川一般多采用塑料大棚冷床育苗。为节约能源，播种期在 10 月下旬，2 叶 1 心后，行一次假植，以大苗越冬。长江流域一般 11 月至翌年 1 月播种，2 叶 1 心分苗，于 2 月中下旬定植。播种及苗床管理见本书茄果类育苗部分的"塑料大棚冷床育苗"。

大棚春番茄要求幼苗定植时，株高 20 厘米左右，7～8 片叶，第一花序 70%～80% 显蕾，茎粗壮，多茸毛，叶片肥厚，叶色浓绿，根系发达，侧根多而密集。

2. 定植 大棚春番茄的定植期，根据大棚内的小气候条件而定。当 10 厘米地温稳定在 10℃ 以上，并能稳定 5～7 天，即可定植。长江流域在 1 月下旬至 2 月上旬定植，四川一般在 2 月下旬至 3 月初定植。

定植前 10～15 天提早扣棚，以利提高地温，如在大棚内加盖地膜，则升温效应更显著。

番茄是深根性作物，为促进根系发育，要深翻土地，施足基肥，每亩施混合肥 4 000～5 000 千克。番茄的着花、果实着色、结果多少，品质的好坏，单果重量等都与肥料有密切关系，番茄结果期吸收氮肥最多，磷肥从定植到收获都不可缺少，钾肥从果实开始肥大后，到收获期需要最多，所以在施用基肥时要注意三要素的配合，根据日本材料报道，每 1 000 米^2 面积施氮 37.5 千克、磷 22.5 千克、钾 18.8 千克，产量最高，可做参考。如果片面多施氮肥，磷、钾肥不足，会造成结果不良。

定植时要选择晴朗无风天气，一天中宜在午前和午后温暖的时间进行。定植时要严格选苗，番茄定植比黄瓜略深，但也不能太深，否则 10 厘米以下地温低，不利发根缓苗。

定植密度要合理，早熟品种，单干整枝，密度可大一些，中熟种或双干整枝，密度宜小，以防徒长。单干整枝行距 50 厘米，株距 30～40 厘米，每亩苗数 3 000～4 000 株。

3. 结果前期管理 从定植到第一穗果膨大，管理的重点是促进缓苗，定植后 3～4 天内不通风，棚温维持在 25～30℃，缓苗后，白天棚温 20～25℃、夜间 13～15℃ 左右较为适宜，结果前期白天最高棚温在 30℃ 以下，夜间最低棚温在 15℃ 以上最理想，对番茄的营养生长和生殖生长都适宜。

大棚番茄定植缓苗后 10 天左右，第一花序即可开花结实。为使开花整齐，不落花落果，确保前期产量，要控制营养生长，协调好营养生长同生殖生长的关系，应适当降温控水。

大棚春番茄定植期比较早，棚内外气温尚低，加之大棚内光照不足，影响第一花序的授粉受精，尤其是第一朵花，往往畸形，为使整个花序开花一致，可将第一朵畸形花摘除。

为保花保果，要用生长素（番茄灵）处理花序，生长素的作用，在于抑制花（或果）柄处离层的形成，同时还可促进果实肥大，早熟，用番茄灵则可喷花，浓度为40～50毫克/千克。

4. 盛果期及后期管理

（1）**保证充足的水肥**　当第一穗果的直径到一定大小（1.5～2.5厘米，因品种而异），幼果细胞进入迅速膨大时期，应及时浇水追肥，促进果实迅速长大。当第一穗果由青转白时，进行第二次浇水追肥。以后每隔6～7天浇1次水，盛果期的水肥必须充足，才能丰产。追肥时要追适量的磷钾肥，有利果实发育及品质的提高，在卷叶以前，可进行叶面喷磷、钾肥，效果显著。在盛果期水肥不但要充足，而且要均匀，不能忽大忽小，否则易出现空洞果或脐腐病，早熟品种尤为突出。结果后期，高温条件下，更不能使土壤干旱。

（2）**调节温湿度**　盛果期棚温不可过高，湿度不能太大，温湿度对坐果率影响很大，高温对花的形成起抑制作用，也是坐果不良的因素。为了在白天进行正常的光合作用和其他生理作用，棚温调节在25～26℃最适，夜温调节在15～17℃。地温的最适范围内20～23℃，不低于13℃，也不高于33℃。在适温范围内，地温高时，对磷、钾肥的吸收量也随之增加。空气相对湿度为45%～55%，对盛果期的大棚番茄生长发育最适宜。

在具体的管理上，结果盛期要加大通风量，可打开棚门和揭起大棚两侧的薄膜，当外界夜温不低于15℃时，可昼夜进行通风。在四川到5月上中旬，还可将薄膜全部撤除，降温降湿；同时还可以保护塑料薄膜，避免在高温强光下老化变质。

（3）植株调整　高温、高湿、弱光，是大棚的小气候特点。这种条件下，容易引起番茄茎叶过于繁茂，侧枝大量发生，形成徒长，造成结果不良，果少果小，品质差，而且成熟晚。严重时只长蔓，不结果。所以要及时整枝打杈，协调好生殖生长与营养生长的关系。控制其不发生徒长。早熟栽培宜采用单干整枝，若选用非自封顶的品种，一般留3～4穗果即可掐尖。掐尖时，顶部最后一穗果上面要留1～2片叶，以保证果实发育对养分的需要。

为使坐果整齐，生长速度均匀，可进行疏果。每穗果保留4～5个（或3～4个）大小相近，果形好的果实，疏去过多的小果。结果后期可将植株下部老化叶片摘除，以利通风透光。大棚番茄要支架绑蔓，早熟栽培多用一根直立的支架，也可用人字形支架，每4株为一架。

（4）结果期的生理障碍　大棚春番茄常会出现畸形果。畸形果多在花芽分化时就已定形，主要是低温的影响，番茄花粉在5℃以下死亡，10℃以下畸形果数量显著增多，在育苗期中，要使幼苗地上部与地下部都能正常生长，如果冠/根比例失调，也会产生畸形果。

大棚栽培春番茄，还易出现空洞果。大棚内容易出现高温危害，使花粉不稔，受精不完全，种子形成少。由于种子形成过程中要形成大量果胶物质来充实果腔，如果种子形成得太少，便会缺少大量的果胶物质充实果腔，从而引起果实空洞。当使用生长素时，如果处理时期太早，浓度过大，也会影响种子形成。

要减少畸形果，必须加强苗期管理，培育抗寒性强的壮苗，在第一花序分化前及分化时要避免连续出现10℃以下低温，同时要避免苗床过于潮湿。

防止空洞果的措施，是掌握好生长素处理花朵的时间和浓度，不要处理太早。处理后要加强通风，及时浇水追肥，避免高温危害。

（二）早番茄与水稻轮作

为减少病害发生，提高土地利用率，番茄可与水稻轮作，效果很好。成都的早番茄与水稻轮作的栽培要点是：

番茄选用早熟和早中熟品种，如早丰、中杂 101 等。冷床在 11 月中下旬播种，3 月 10 日前后定植，最迟不晚于 3 月 15 日。否则采收期推迟，影响水稻栽插。水稻选用优良的杂交中稻或常规中稻。育苗移栽的于 4 月 20 日左右在秧母田播种育苗。

番茄早熟品种每亩密度 3 500～4 000 株，中早熟种每亩 3 000～3 500 株。为提早采收，抢栽水稻，育苗移栽的若选用中早熟番茄品种，则在第三至四穗果坐稳后打去顶尖。也可用 0.2％的乙烯利催红，以保证 6 月 15 日前番茄采收完，6 月 20 日前水稻栽播结束。杂交中稻栽插的株行距 13 厘米×22 厘米，每穴 6～7 株，基本苗不少于 12 万株，常规中稻株行距 16 厘米×22 厘米，每穴 9～10 株，基本苗不少于 15 万株。水稻的田间管理，以管水和防病治虫为中心。水稻收获后，从 9 月下旬到第二年 3 月，可栽种一季喜冷凉的蔬菜。

图 2-1 番茄与水稻轮作，近处为水稻的旱育秧

五、南方秋番茄栽培

长江流域各地在 7、8 月间播种的，称为"秋番茄"。栽培秋番茄的主要特点是选择适宜的播种期。江南各地以在 7 月中下旬播种为宜，如果提早在 7 月上旬播种，则幼苗生长期正值炎热的天气，容易发生病毒病及青枯病，如果延迟到 7 月下旬以后播种，则在结果后期气候已寒冷，果实来不及成熟。四川东部 7 月上旬播种的产果最好，产量较高。华东沿海地区，夏季温度较凉，秋番茄可以在 6 月上旬播种，生长期比长江一带的稍长，产量也较高。

成都市郊县近年来采用水田种植秋番茄，前作种植早熟杂交稻，后作种植小麦或大麦，增种一季秋番茄，占地仅三个多月，亩产 3 000 千克左右，高的超过 5 000 千克。秋番茄的播期宜在 6 月下旬至 7 月 5 日，以早丰、浙杂 7 号、浙杂 805 等早中熟品种为主栽品种。8 月初，当苗龄 30 天左右时，小苗带土定植（也可做营养钵），厢宽 120 厘米包沟栽 2 行，株距 27～30 厘米（错窝）、亩植 3 700～4 000 株，施肥以基肥为主，可亩施人畜粪 4 吨，过磷酸钙 75 千克，氯化钾 5～10 千克，尿素 4 千克作基肥。生长期中追肥 3 次，定植后 10～15 天搭架，采用双干整枝，每干留 3～4 个花序，每蔓花序留果 2～3 个。9 月及时整枝打顶，如气候好就延后，每蔓果留 2 片叶。秋番茄早期开的花因日温或夜温过高，落花落果严重，花期需用 30～50 毫克/千克番茄灵喷花。到后期气温较低，果实生长缓慢，不易着色，青熟或变色的番茄用 2 000 毫克/千克乙烯利浸果，可提前 3～6 天红熟。也可用 100～500 毫克/千克的乙烯利喷雾，每亩 60 千克，促进下部果实提早成熟。

六、南方冬番茄栽培

广东、广西、台湾、福建及云南南部等地，秋季天气晴朗，

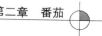

冬季温暖，月平均温度在 15℃ 以上，终年无霜，比较适宜番茄生长，番茄的栽培以秋冬为主。其主要栽培措施是：

1. 播种期 一般于 8 月上旬至 9 月初为适宜的播种期，9～10 月定植，11 月至翌年 3 月采收。

2. 品种选择 选择能抗青枯病的高产、优质品种。如夏星、粤红玉、红宝石、湘番茄 1 号等。

3. 育苗移栽 华南冬季番茄可以直播，也可育苗移栽，为便于管理，以育苗移栽为好。以培育短龄壮苗为宜，因其便于管理和控制幼苗生长，苗床宜用遮阳网覆盖，以减轻高温暴雨的不良影响，宜稀播育壮苗，苗龄 20～25 天，5 片叶子为最佳定植期。

4. 栽培管理 选择排水良好的地块，施足底肥，一般每亩施过磷酸钙、复合肥、氯化钾各 50 千克，尿素 20 千克作底肥，适当密植，每亩 3 000～4 000 株，要及时整枝疏叶，使其通风透光好，以减少病害。

5. 病害防治 华南冬季气温高，病害严重，尤以蚜虫为害猖獗，又是传染病毒的媒介，必须严格防治。要随时监测病虫害的发生情况，及早喷药防治，原则上是有虫必治，定植后挂果前每周喷一次药，挂果后 1～2 周喷 1 次药。

七、加工番茄无支架栽培

番茄支架栽培技术存在需要搭架、成本相对较高等缺点。美国首先试验成功了加工番茄无支架栽培技术。1978 年以后，我国从日本引入了无支架栽培技术，该技术有节约成本、减轻病害发生的优点，便于大面积栽培，扩大原料供应。目前，我国除原有湖南、湖北、四川、浙江、河北和北京等加工番茄生产基地采用支架栽培和简易支架栽培外，新发展的加工番茄生产基地，包括新疆、甘肃、宁夏、内蒙古、黑龙江和吉林等地，绝大多数采用无支架栽培，特别是新疆加工番茄的生产面积占全国 80％ 以上，均采用无支架栽培。

加工番茄无支架栽培的技术要点是：

1. 品种选择 必须选择适于无支架栽培的品种，即选择有限生长自封顶类型的品种。这类品种植株主茎生长不高，主茎上着生花序后即自行封顶，并从主茎基部各节的叶腋迅速抽生数个一次分枝，各分枝上分别着生花序后又多自行封顶，各分枝几乎同步开花结果，每株可结果 50～70 个，最多可达上百个，果实一般较小，单果重 50～80 克，最大不超过 100 克。

2. 地块选择 选择地势平坦、排水良好、含有机质较高、松软肥沃的壤土或沙壤土田块为宜，其次是黏壤土。前茬可选粮食、豆类作物，以及非茄科的蔬菜作物，不宜连作。在西北地区，为防止列当的为害，前茬也不宜是西瓜、甜瓜和向日葵。

3. 播前整地 播种或栽植前要提前整地备耕，及时保墒，抓紧在土壤达到宜耕期即行耕耙、整平。

4. 直播或育苗移栽 ①大田直播应在土层 10 厘米深处温度稳定到 10℃以上为宜。育苗移栽应比直播提前 30 天左右播种，到当地土层 10 厘米深土温稳定在 12℃以上时定植，一般多在 4 月下旬到 5 月上旬。②直播出苗后于 1～2 片真叶期开始间苗，间至秧苗互不拥挤为度。分 2～3 次间苗，一般到 5 月上旬寒流过后，当苗具 4～5 片真叶时定苗。③采用地面覆盖栽培加工番茄具有良好的经济效益。地膜覆盖栽培可改善植株生育前期的土壤条件，对土壤有良好的增温、保湿和保肥作用，可促进加工番茄早开花、早结果，提前成熟和增产，不仅使加工番茄种植者增产增收，而且可使酱厂提前开始加工，延长加工季节，提高设备利用率，也有良好的经济效益。

5. 施足基肥和分期追肥 无支架栽培的加工番茄植株分枝较多，各分枝几乎同时开花坐果，单株结果数十个，耗肥量大，除应施足基肥外，还应分期追肥。基肥应以有机肥为主，通常均匀撒施，耕翻入土，或按种植行距开沟条施于各行间可。对比较贫瘠的土地，还应适当增加有机基肥。追肥多以化肥为主，一般采用分次追肥的方法，根据植株不同的生育时期和长势长相进行配方施肥。

6. 水分管理　加工番茄生育期长，对土壤含水量比较敏感，必须保持水分供应比较均衡。

7. 病虫害防治　要综合防治病虫害。

8. 采收　在果实红熟，果肉仍较坚实时采摘。约在 7 月中下旬开始，当植株上已有 50％的果实达到充分红熟时进行第一次采收，其后每隔 1～2 周采收 1 次，温度高时果实成熟快，采收间隔天数较短；秋凉以后，果实成熟较慢，采收间隔天数可适当延长。

八、樱桃番茄长季节栽培

自 20 世纪 90 年代中后期以来，樱桃番茄在我国呈现明显的发展趋势，栽培区域和面积不断扩大和增加。目前在北京、山东、辽宁等地，樱桃番茄的长季节栽培已形成一定的规模，其种植期多是从每年的 7～8 月至翌年的 6～7 月，采收期长达 9 个月，每亩产十多吨，产值五六万元。

樱桃番茄长季节栽培的技术要点是：

1. 设施要求　长季节高架栽培应选择跨度大、仰角高的日光温室或连栋温室。

2. 品种要求　所选品种必须是无限生长类型，生长势强，不易早衰，对高、低温和弱光均有较强的耐受性，对保护地内发生的主要病害要有较强的抗性和耐性。

3. 适时播种育苗　作为长季节栽培的樱桃番茄，播种期在 7 月中旬至 8 月中旬为宜，一般不需分苗，苗龄 25 天左右即可定植。每亩用种量为 10～15 克。

4. 施足基肥，合理密植　定植前 5～7 天整地施基肥每亩施入腐熟优质厩肥 10 米³，消毒烘干鸡粪 2 000 千克，氮磷钾三元复合肥 80 千克，结合深翻地先铺施 60% 的厩肥，剩余 40% 的肥料在做畦时沟施。用于长季节栽培的畦宽以 1.4 米或 1.5 米的畦宽为宜。定植宜选阴天或晴天傍晚进行，每亩定植 2 100～2 500 株，定植后铺设滴灌管，覆盖地膜，最好选用银黑两面地膜，银面朝上，黑面朝下覆盖。

5. 温度和光照管理 定植后温室内白天温度保持在 28～30℃，夜间不低于 10℃，并控制昼夜温差在 15～18℃。严冬季节应注意保温，开春后应注意擦洗棚膜，以保持较高的透光率。

6. 肥水管理 在开花坐果前，为防止植株徒长，应控制肥水；当第一穗果开始膨大时，每亩随水施复合肥 15 千克，以后每采收 1～2 穗果灌水施肥 1 次。低温季节则根据天气、植株生长情况灵活掌握。

7. 植株调整 在长季节栽培中一般采用单干整枝，即只留 1 条主茎向上生长，其余的侧枝全部打掉。由于长季节栽培的番茄主茎要比常规栽培的长几倍，必须采用绳子高吊蔓系统，尼龙绳或塑料绳吊在温室上方的铁丝上，然后把植株的主茎缠绕在绳子上，让其不断往上延伸。在采摘过程中，当下面的果穗成熟并采收完后，及时适量落蔓，茎蔓顺着畦的方向放落在畦面上，也可以根部为中心进行盘绕，并适量覆细土以促进不定根的发生。同时，为防止因挂果而折断茎蔓，每穗果应绑蔓 1 次。

8. 疏花保果 根据不同品种的花序长短、花数多少来决定疏花保果，樱桃番茄品种每穗最多留果 50 个，香蕉型、多彩型和梨形等特色品种每穗留果 5～8 个为宜。在生产上合理使用生长调节剂能明显提高番茄的坐果率，番茄灵使用浓度为 25～50 微升/升。

9. 采收 樱桃番茄因糖度高，完全成熟时采收，才能保证真正固有的风味及品质。采收时注意保留萼片，从果柄离层处用手采摘。但黄色果可在成熟八成时采收，因其果肉在充分成熟后容易裂变。采收时间以傍晚无露水时为宜。结合采收果实可同时打去下部的病老叶，以利通风透光，并可防止病害蔓延。

第五节　番茄病虫害防治

（一）番茄病害

1. 猝倒病　猝倒病是茄科作物常见的苗期病害，主要为害幼苗或引起烂种。幼苗出土后，在幼茎近地面处发病，病部组织变为水浸状暗绿色，很快就软化、缢缩、腐烂，幼苗随之折倒。折倒的幼苗在短期内依然青绿，潮湿时病部密生白色绵毛状霉。如果土壤温度低于15℃，湿度过大，光照又不足，幼苗长势较弱，特别是连阴、连雨、连雪的恶劣天气发展极快，引起成片死苗。

本病是由瓜果腐霉菌侵染所致的一种真菌性病害，病菌可在土壤里腐生很久，在病株残体和土壤内越冬，以后在苗床为害幼苗。病菌由土壤传播，也可通过种子带菌传播。

防治方法：①选择地势较高、排水良好的地方作苗床，肥料要充分腐熟，播种要均匀不宜过密。②选用无病菌的土壤作苗床土。旧床土需经过药剂消毒后才能使用。苗床消毒每平方米用70％五氯硝基苯粉剂与50％福美双可湿性粉剂（或65％代森锌可湿性粉剂）等量混合粉6～8克；或用五氯硝基苯或50％多菌灵6～8克，各加半干细土12.5千克左右混匀配成药土，在播种前用1/3的药土撒在苗床上作垫土，然后播种，再用剩的药土用作盖种，有良好的预防效果。③注意种子处理与苗床管理，种子播种前用55℃温水浸种，或用药剂处理后，再催芽播种。控制苗床温湿度，浇水量不宜过多。并注意通风透气，防止幼苗受冻。发现病苗立即拔除、烧毁或深埋。④药剂防治。在发病初期，用石灰1千克、草木灰10千克混匀撒施，或喷洒铜铵合剂（硫酸铜2份、碳酸氢铵11份，磨成粉末混合，密闭24小时后，每千克混合粉加水 400 千克使用)，或用 70％代森锰锌可湿性粉剂 500 倍液喷雾，每隔 7～10 天喷药 1 次，连续喷 2～3 次。

2. 立枯病　感染了病的幼苗初期白天呈凋萎状，夜间又复原，经数日后枯萎死亡。接近地面的幼茎成暗褐色，渐次成黑褐色，后收缩变细造成幼苗折倒。病部生不显著的淡褐色蛛丝状霉。

本病是由立枯丝核菌侵染而引起的土传真菌病害，病部的淡褐色霉就是病菌的菌丝体。病菌的菌丝或菌核在土壤里的病株残体和其他有机质上可以生活多年，床土带菌便为害幼苗，气温在 15～21℃，尤其在 18℃以上发生最多。温暖多湿，播种过密，浇水过多，造成床内闷湿，不利幼苗生长，都易发病。

防治方法：参见猝倒病的防治。

3. 早疫病　早疫病又称轮纹病，除为害番茄外，茄子、马铃薯等植物均可受害。病叶初期产生深褐色或黑色的圆形斑点，扩大后成黑褐色的圆形、椭圆形或不规则的大斑，病斑中央生暗色同心轮纹。周围有黄色晕圈。茎和果实上的病斑近圆形，黑褐色，上生黑色绒毛状霉并有同心轮纹。一般多从菜株下部叶片开始发病。严重时菜株下部叶片完全枯死，使果实外露，容易引起日烧病。

早疫病是由茄链格孢菌侵染所致的一种真菌性病害。病斑上的黑霉是病菌的分生孢子梗和分生孢子，病菌在遗留土中的病株残体上或附着在种子上越冬。第二年产生分生孢子，主要借风、雨传播，由菜株的气孔、表皮或伤口侵入，而引起发病。种子也可带菌传染，病菌生长的温度范围为 1～45℃，最适温度为 26～28℃。高温多湿的天气及菜株生长不良时发病严重。

防治方法：①从无病株上选留种子，或用 52℃温水浸种 30 分钟，选用早熟种，早收获可减少病害发生。②实行深沟高厢栽培，做好排水工作，降低田间湿度。③及时清除病株，集中烧毁或深埋，减少传播。④药剂防治。保护地番茄可采用粉尘法于发病初期喷撒 5％百菌清粉尘剂，每亩次 1 千克，隔 9 天 1 次，连续防治 3～4 次。露地栽培番茄在发病前开始喷洒 50％扑海因可湿性粉剂 1 000 倍液、75％百菌清可湿性粉剂 600 倍液或 64％杀毒矾可湿性粉剂 500 倍液，根据发病情况，每 7～10 天喷 1 次，连续喷 2～3 次。

4. 番茄青枯病　是我国南方茄科蔬菜重要病害之一。植株长到 40 厘米高左右才开始发病，首先是顶部叶片萎垂，以后下部叶片雕萎。病株最初白天萎蔫，傍晚以后恢复正常。如果土壤干燥，气温高，2～3 天后病株即不再恢复而死亡，叶片色泽稍淡，仍保持绿色，故称青枯病。病茎下端，往往表皮粗糙不平，常发生大而且长短不一的不定根，病茎木质部褐色，用手挤压，有乳白色的黏液渗出，这是本病的重要特征。本病的病原是一种细菌，病菌主要在土壤中越冬，能在土中腐生 6～7 年。越冬的病菌从菜株根部或茎基部伤口侵入，而向上蔓延，破坏植株的输导组织，使茎、叶得不到水分的供应而突然萎蔫，此病以 5 月中下旬至 6 月发生最重。

防治方法：①轮作。一般发病地实行 3 年的轮作，重病地实行 4～5 年的轮作。水旱轮作效果最好。②加强栽培管理，发现病株立即拔除深埋，病穴撒施石灰粉。③药剂防治。在发病初期可试用 50％苯来特或 50％多菌灵可湿剂粉剂 1 000 倍液，或链霉素 200～300 单位灌根。每 10 天 1 次，连灌 3～4 天。

5. 番茄晚疫病　是番茄主要病害之一，除为害番茄外，还可侵害马铃薯、茄子等。此病主要为害叶和果实，也能侵害茎部。叶片上多从叶尖端或边缘开始出现不规则形的暗绿色水浸状大病斑，逐渐变褐色，潮湿时病斑的边缘和健叶交界处长有白色霉。果实上病斑不规则呈云状，边缘模糊。潮湿时，上面长有少量白霉。茎上病斑暗褐色，稍凹陷，边缘白霉较显著。本病的病原是一种真菌，病斑上的白霉就是病菌的孢囊梗和孢子囊。初次侵染源来自田间马铃薯病株。

防治方法：①加强栽培管理，深沟高厢，及时整枝打杈，注意通风透光。②加强测报，及时消灭中心病株，发现病株应立即摘除病叶、病果，并对周围的植株喷药封锁，防止病害蔓延，以后根据病情采取重点或全面喷药防治，可轮流使用 1：0.5：200～250 倍波尔多液、瑞毒铜 600～800 倍液、杀毒矾 400～500 倍液防治，遇雨补喷。每 7～10 天 1 次，连续喷药 3～4 次。

6. 番茄病毒病 近年来发生普遍，常见的有花叶病、条纹病和蕨叶病三种，它们常混合发生，其中以花叶病最为普遍。感染了花叶病的植株，病叶呈现深绿或浅绿相嵌的花斑，叶面皱缩不平，嫩叶常变畸形扭曲。早期发病的菜株，顶端伸展不开。全株矮化。发病较迟的菜株，仅在心叶上呈现花叶，老叶上不表现症状，菜株也不矮缩。花叶病由烟草花叶病毒引起，病毒在感病植株的残余体内，可以存活相当长的时期，还可粘在种子的表面或深入种皮内，引起第二年的发病。病毒主要靠接触摩擦和蚜虫传播。

防治方法：①选用抗病品种，如红杂 18 番茄、霞粉、东农 713、中蔬 5 号、中杂 105、渝抗 4 号等。②选用无病种子和种子处理。从无病菜株留种，种子先用福尔马林 300 倍液浸泡 2 小时，然后在高锰酸钾 100 倍液中浸 30 分钟，取出用清水洗净后播种。③培育壮苗，早定植，早收获，避过发病高峰，减轻发病。④防治蚜虫，从苗期开始彻底治蚜，保护幼苗，减少传病，每亩可用抗蚜威 10～15 克对水 50～60 千克或用 40% 乐果 1 000～2 000 倍液喷洒防治，把药液重点喷到叶片背面及菜株幼嫩部位。⑤加强栽培管理。在移栽、整枝、收果等田间操作中，先处理健株，后处理病株，避免接触传染。

7. 番茄黄化曲叶病毒病 该病是一种毁灭性病害，是世界许多地区番茄生产上的重要限制因素。主要分布于热带和亚热带地区。我国的广西、广东、台湾和云南等地都有发生。染病植株矮化，顶部叶片黄化、变小，叶片边缘向上卷曲。生长发育早期染病植株严重矮缩，无法正常开花结果；后期染病植株仅上部叶片和新芽表现症状，结果减少，果实变小，基本失去商品价值。

该病的病原为番茄黄化曲叶病毒（TYLCV），属于烟粉虱传染类双生病毒。烟粉虱获毒后可终生传毒，但不经卵传；机械摩擦和种子不传毒；嫁接可导致病毒传播。该病爆发的原因：①气候原因：高温干燥的天气对虫媒烟粉虱的发生、繁衍有利。②烟粉虱发生普遍。③毒源植物众多。④品种抗性差。

防治方法：①采用抗病品种：飞天（中型果）、浙杂301、琳达、杭杂301等。②清除病毒中间宿主：苦苣菜、曼陀罗、烟草和番木瓜等是番茄黄化曲叶病毒的中间寄主，种植番茄前应清除周围的杂草，种植地应远离烟草、番木瓜等作物，不在有病的种植地附近种植番茄，避免病毒交叉传播。③防治烟粉虱。从烟粉虱零星发生开始，交替使用25％扑虱灵可湿性粉剂1 000～1 500倍液，或25％阿克泰水分散粒剂2 000～3 000倍液，或2.5％天王星乳油2 000～3 000倍液等喷雾防治，或在保护地内用22％敌敌畏烟剂7.5千克/公顷熏烟。④覆防虫网或调节种植时期。有条件的可进行设施栽培，采用防虫网（40～50目）保护隔离种植，应注意设置缓冲门，进出小心关门，以防带毒的烟粉虱传播病毒。冬季或春季种植番茄，气温较低烟粉虱发生少，活动性不强，不利于该病的发生传播。

8. 斑枯病 番茄斑枯病又名鱼目斑病、白星病、番茄各生育阶段均可发病，侵害叶片、叶柄、茎、花萼及果实。受害叶片初期在叶背出现水渍状小圆斑，继而扩展到叶片正面。病斑周围暗褐色，中间灰白色，稍凹陷，表面散生黑色小点。

斑枯病是由番茄壳针菌侵染而发生的真菌性病害。病菌主要以菌丝和分生孢子器在病残体，多年生茄科杂草上或附着在种子上越冬，成为翌年初侵染源，在温度20～25℃，空气湿度趋于饱和的条件下，病菌经48小时即可侵入植株体内。潜育期4～6天。番茄坐果期如遇有10天左右较为温暖的阴雨天气，此病即可流行。

防治方法：①苗床用新土或两年内未种过茄科蔬菜的阳畦或地块育苗，定植田实行 3～4 年轮作。②从无病株上留种，并用 52℃温水浸种 30 分钟，取出晾干催芽播种。③选用抗病品种，如浦红 1 号等。④药剂防治。发病初期喷洒 64%杀毒矾可湿性粉剂 400～500 倍液，或 75%百菌清可湿性粉剂 600 倍液，或 65%代森锌可湿性粉剂 500 倍液，或 1∶1∶200 的波尔多液等，每隔 7～10 天喷 1 次，连喷 2～3 次。

9. 番茄脐腐病　又称蒂腐病，属生理性病害。初在幼果脐部出现水浸状斑，后逐渐扩大，至果实顶部凹陷，变褐，通常直径 1～2 厘米，严重时扩展到小半个果实；后期遇湿度大腐生霉菌寄生其上现黑色霉状物。病果提早变红且多发生在第一、二穗果上，同一花序上的果实几乎同时发病。

生育期间水分供应不均或不稳定，尤其干旱时，水分供应失常，番茄叶片蒸腾消耗所需的大量水分与果实进行争夺，或被叶片夺走，特别当果实内、果脐部的水分被叶片夺走时，由于果实突然大量失水，导致其生长发育紊乱，形成脐腐。

防治方法：①地膜覆盖可保持土壤水分相对稳定，能减少土壤中钙质养分淋失，是预防本病方法之一。②适量及时灌水，尤其是结果期更应注意水分均衡供应，灌水应在 9～12 时进行。③选用抗病品种。果皮光滑，果实较尖的品种较抗病。④采用配方施肥技术，根外追施钙肥。番茄着果后 1 个月内是吸收钙的关键时期。可喷洒 1%的过磷酸钙，或 0.5%氯化钙加 5 毫克/千克萘乙酸，从初花期开始，隔 15 天 1 次，连续喷洒 2 次。⑤使用遮阳网覆盖。

10. 番茄裂果和日灼　番茄裂果主要有 3 种：放射状裂果，以果蒂为中心，向果肩部延伸，呈放射状深裂，始于果实绿熟期，果蒂附近产生微细的条纹开裂，转色前 2～3 天裂痕明显；环状裂果，以果蒂为圆心，呈环状浅裂，多在果实成熟前出现；

条纹裂果，在顶花痕部，呈不规则条状开裂。

番茄部分果实，尤其是果实的肩部易发生日灼。果实呈有光泽似透明革质状，后变白色或黄褐色斑块，有的出现皱纹，干缩变硬后凹陷，果肉变成褐色块状。当日灼部位受病菌侵染或寄生时，长出黑霉或腐烂。

在番茄果实发育后期或转色期遇夏季高温、烈日、干旱和暴雨等情况，果皮的生长与果肉组织的膨大速度不同步时，膨压增大，则出现裂果。至于日灼多因果实膨大期，天气干旱，土壤缺水，处于发育前期或转色期以前的果实，受强烈日光照射，致果皮温度上升，蒸发消耗水分增多，果面温度过高而灼伤。一般在果实的向阳面易发生日灼。

防治方法：①选择抗裂、枝叶繁茂的品种。一般长形果，果蒂小，棱沟浅的小果型或叶片大，果皮内木栓层薄的品种较抗裂。②保护地要加强通风，使叶面温度下降，阳光过强可采用遮阳网覆盖，降低棚温。③及时灌水。④控制好土壤水分，尤其结果期不可过干过湿。⑤增施有机肥，改良土壤结构，提高保水力。⑥喷洒"喷施宝"，亩用 0.5 毫升对水 90 千克，15～20 天喷 1 次。⑦喷洒 27％高脂膜乳剂 80～100 倍液。

（二）番茄虫害

1. 蚜虫 蚜虫又名蜜虫或腻虫，遍及全国各地。蚜虫喜欢群集叶片背面及嫩梢上，用它的针状口器插入寄主组织，吸食汁液，被害叶变黄，叶面皱缩下卷，菜株生长受阻而矮缩，甚至枯萎死亡。同时，蚜虫还能传播多种病毒病，所造成的危害远大于蚜害本身。

蚜虫分有翅蚜和无翅蚜，都为孤雌胎生，1 年内可繁殖十几代至几十代，世代重叠极为严重。在南方可终年以孤雌胎生方式繁殖。低温干旱有利蚜虫生活，因此春、秋两季危害最为严重。

防治方法：可用国产 50％抗蚜威，或英国的辟蚜雾（成分为抗蚜威）50％可湿性粉剂 2 000～3 000 倍液，或 40％乐果

1 000～2 000 倍液，或灭杀毙（20％增效氰·马乳油）3 000 倍液，或 20％速灭杀丁乳油 2 000 倍液。保护地栽培可选用 22％敌敌畏烟剂，每亩 0.5 千克，于傍晚将棚密闭熏烟，为避免有翅蚜迁入菜田传毒，可将要保护的菜田间隔铺设银灰膜条。在播种或定植前就设置好，以防患于未然。

2. 棉铃虫 又名钻心虫，食性杂，是棉花的重要害虫。在蔬菜方面，主要为害辣椒、番茄、茄子，也能为害瓜类、豆类等。以幼虫咬食叶片，嫩芽和嫩茎，吃成小孔或缺刻甚至吃光叶肉仅留叶脉；并喜欢钻蛀果实，容易引起病害侵入而腐烂，造成减产和品质降低。

棉铃虫在长江以南年发生 5～6 代，云南 7 代。以蛹在土中越冬。成虫白天潜伏在叶背，杂草丛或枯叶中。晚上出来活动，有一定的趋光性和趋甜性。卵大多散产在嫩叶、嫩茎和花蕾上。幼虫孵化后为害嫩叶，嫩茎。1 龄、2 龄时吐丝下垂分散为害。幼虫喜欢经常转换取食部位，为害番茄果实时，并不全身钻在果内，而是换果为害居多。老熟后入土 3～7 厘米做土室化蛹。

防治方法：①药剂防治，3 龄以上的幼虫抗药力强，所以应掌握在幼虫为 3 龄以前和幼虫未钻入果内时施药。用 21％灭杀毙乳油 1 500～3 000 倍液或 25％氧乐氰乳油 1 000～3 000 倍液或 50％马拉硫磷乳剂 800 倍液。②人工捕捉幼虫。在幼虫发生期间，每天清早在菜株上进行捕捉。③诱捕成虫，可利用黑光灯或柳树枝把诱捕。④及时摘除烂果。

第三章

茄 子

第一节 概 述

茄子（*Solanum melongena* L.）原产印度热带的森林腐殖质土，该地区是海洋性气候，全年温暖多雨，无严寒与酷暑。因此，茄子喜温暖潮湿的气候条件，并要求有足够的土壤水分。茄子也是我国栽培历史久、分布广的蔬菜之一，尤其是广大农村，茄子的栽培面积远比番茄为大。世界范围内，茄子的栽培面积以亚洲最多，占 74％左右，欧洲次之，占 14％左右。

根据茄子的品种资源的生态类型地理分布，我国栽培茄子可分为四种不同生态型。①华南湿润生态型，该区在南岭以南，包括闽南、桂南、滇南、粤南及海南、台湾。气候特征冬无严寒，夏无酷暑，全年均种植茄子，品种以长茄为主，单产量及单果重较低。②华中、华南、西南湿热生态型，该区包括苏、皖、豫、陕的南部，浙、赣、湘、鄂、黔、川的全部及闽、粤、滇的北部，其气候特征为四季分明，夏秋高温干旱不利茄子生长发育，该区的茄子产量较低。③华北、西北干燥生态型。该区包括冀、鲁、甘、宁、浙、内蒙古、西藏的全部及苏、皖、陕的北部，气候特点为大陆性气候明显，冬冷夏热，空气湿度小，温度日较差大，是种植茄子的最好地区，茄子果实单果大，产量高。④东北低温生态型，主要包括东北三省，气候特点为冬长夏短，栽培多为早熟品种。

每 100 克茄子嫩果含维生素 C2～3 毫克，水分 93～94 克，碳水化合物 3.1 克，蛋白质 2.3 克，及少量钙、铁等，还含有少量特殊苦味物质茄碱苷。有降低胆固醇、增强肝脏生理功能的功效。茄子以煮食、炒食为主，但也可以制作茄干、茄酱或腌渍。

茄子适应性强，栽培较容易，产量高，供应期长，长江流域从 5～6 月开始采收，一直维持到 8～9 月，是夏秋的主要蔬菜之一。近年来，由于栽培技术的提高和新品种的推广，采收期延长到 4～11 月。在华北地区行日光温室越冬栽培，茄子可在冬季上市。茄子还以其耐贮运的特点，成为各蔬菜生产基地的主栽品种，如广东湛江，北运的茄子、辣椒、番茄产量占北运蔬菜总量 80%。种植茄子，不仅调整了农村产业结构，增加了农民的收入，而且极大地丰富了城乡人民的菜篮子，取得了良好的经济效益和社会效益。

第二节　茄子的特性

一、植物学性状

茄子的根系发达，主要由主根和侧根构成，主根粗壮，能深入土壤达 1.3～1.7 米。主根垂直伸长，从主根上分生侧根，其上再分生二级、三级侧根，由这些根组成以主根为中心的根系。侧根横向伸展可达 1.0～1.3 米，主要根群分布在地表下 0.3 米以内的土层中，所以栽培时应注意深耕。茄子根系木质化较早，再生能力较差，不易产生不定根，故不宜多次移植。茄子的根在排水不良的土壤中容易腐烂，所以在栽培上应选择土层深厚、排水良好的地块种植，促使根系发达，植株健壮。

茄子的茎在幼苗时期是草质的，以后随着植株长大逐渐木质化，长成粗壮、直立能力较强的茎。按分枝性及开展度，茄子的植株形态可分为直立性与横蔓性两大类。直立性的茄子茎枝粗壮，分枝角度较小，向上伸展，株高可达 1 米以上，品种多为晚熟大圆茄，以北方较多。横蔓性的茄子茎枝细弱，分枝较多，横展生长，株高 0.7 米左右，开展度可达 0.7～1 米，大多数早、中熟品种属此类型。

茄子的开花结果习性是相当有规则的。一般的早熟品种，在主茎生长 6～8 片叶后，即着生第一朵花（或花序）。中熟或晚熟种，要生出 8～9 片叶以后，才着生第一朵花。在花的直下的主茎的叶腋所生的侧枝特别强健，和主茎差不多，因而分叉形成 Y 字形。第一花序所生的果实叫"门茄"。主茎或侧枝上着生 2～3 片叶以后，又分叉开花。主茎或侧枝上各开 1 朵花及结 1 个果实，叫做"对茄"。其后，又以同样的方式开花结果，如"四母茄"。以后又分出八个枝条，所结果实称为"八面风"。所以从下至上的开花数目的增加，为几何级数的增加。这种分杈方式叫做"双杈假轴分枝"。

茄子的叶单生而大，卵圆形至长椭圆形，因品种而不同。各品种的茎及叶的色泽有绿有紫。果实为紫色的品种，其嫩茎及叶柄带紫色，果实为白色或青色的，其嫩茎及叶柄多为绿色。

茄子的花为雌雄同株的两性花，呈紫色或淡紫色，也有白色的，一般为单生，也有 2～4 朵簇生者。茄子花由花萼、花冠、雄蕊、雌蕊四大部分组成。花药 2 室，为孔裂式开裂。花药的开裂时期与柱头的授粉期相同。一般为自花授粉，而且以当日开花的花粉与柱头授粉所得的结果率最高。但是也有些品种的柱头过长或过短，因而它的花粉不易落在同一花的雌蕊柱头上，容易杂交。

茄子的果实为浆果。果肉主要由果皮、胎座和心髓等构成；它的胎座特别发达，是幼嫩的海绵组织，用来贮藏养分和水分，这是供人们食用的主要部分。一般圆形、卵圆形果实的果肉比较致密，炒食时口感较清爽。长茄子果肉细胞排列疏松，含水分较多，炒食或清蒸时口感较柔嫩。茄子果实的形状有圆球形、扁圆形、倒卵圆形和长条形等，颜色有深紫、鲜紫、白与绿，而以紫红色的最普遍。每一果实有种子 500～1 000 粒，种子千粒重 4～

5克。

二、对外界环境条件的要求

茄子不耐寒，在茄果类中是最喜温暖的。茄子结果期间的生长适温为25～30℃，比番茄的适温高些，如果在17℃以下，生长缓慢，花芽分化延迟，花粉管的伸长也大受影响。10℃以下，引起新陈代谢失调，5℃以下就会受冻害。

但当温度高于35℃时茄子花器发育不良，尤其在高夜温的条件下，呼吸旺盛，碳水化合物的消耗大，果实生长缓慢，甚至成为僵果。茄子植株耐高温和转入秋凉恢复生长的能力不及辣椒，在重庆地区茄子越夏以后，生长衰败，抽发新枝能力远不及辣椒，但在成都地区由于夏季不太炎热，入秋以后茄子还可以恢复生长和翻花结实，故在秋茄子的生产上成、渝两地应采取不同的技术措施。茄子的种子虽在14℃开始发芽，但发芽慢而时间长，15℃时20天左右才发芽，25～30℃时8天左右发芽。

茄子原产于热带森林腐殖质土壤中，因此栽培茄子以富含有机质、保水保肥力强的肥沃土壤为好。在肥沃的土壤中第一花分化期比在瘠薄的土壤里大为提前，开花期及开始采收期也提前。虽然茄子对于肥料的吸收以钾最多，氮次之，磷最少，但由于是采收嫩果，氮的需要量对于产量的影响特别密切。茄子要求较高的空气湿度和土壤湿度，土壤水分不足易导致落花落果，茄子以80％的土壤湿度为宜。

第三节　茄子的种类与优良品种

一、茄子的种类

按照植株的形态来划分，茄子可分为直立性和横蔓性2类；按成熟期，可分为早熟、中熟和晚熟3类；按果皮的色泽，又可分为黑茄、紫茄、绿茄、白茄四类。在植物学上，茄子可分为3

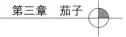

个变种。每一变种有许多品种。

1. 圆茄类 圆茄类品种一般植株高大，叶宽而较厚，果实呈圆球形，扁圆球形或短圆球形。圆茄类多属于中晚熟品种，果实大而重，肉质较紧密，在空气湿度小、光照充足的气候条件下生长良好。我国北方各省栽培的茄子多为圆茄类。

2. 长茄类 长茄类品种一般植株高度中等，叶较圆茄的叶小。果实长棒形，长达 20～30 厘米，或更长，横径不过 4～6 厘米。果皮薄，肉质柔嫩。长茄类品种多为早中熟品种，在温暖、湿润、阴天多、光照较少的天气条件下生长良好。我国南方各省栽培这一类茄子较多。长茄类对气候条件的适应性较强。

3. 卵（矮）茄类 卵茄类植株较矮而横展，果实卵形，紫红色或白色，果肉组织较紧密，种子较多，品质较差，但抗性较强，可在高温下栽培，这类茄子多为早熟品种，产量不高。

二、茄子优良品种

（一）早熟品种

1. 三叶茄 别名早红茄，成都市地方品种，栽培历史悠久，主要分布在成都市郊，四川省内其他地方也有栽培。植株高度 90～100 厘米，开展度 50～60 厘米，茎黑紫色。叶片长卵形，绿色，叶柄及叶脉黑紫色。第一花着生于第七至九节，花冠浅紫色，花萼紫红色。果实棒状，纵长 22～25 厘米，横径 7.0～8.0 厘米，紫红色，果柄及果萼黑紫色，单果重约 250 克。早熟，较耐寒，抗病力较弱。果肉疏松，品质细嫩，纤维少，水分多，外皮较厚。

2. 六叶茄 北京地方品种，又称火茄子。植株生长势中等，株高 70 厘米左右，开展度 90 厘米左右。门茄在第六片叶处着生，果肉浅绿白色，肉质致密细嫩，含种子较多。果扁圆形，单果重 400～500 克。果皮黑紫色，有光泽。早熟，亩产量 2 500～4 000 千克，耐寒性较强。适于春夏季露地及保护地栽培。

3. 苏州牛角茄　苏州地方品种，株高 38 厘米，开展度 55 厘米。8～10 片叶着生第一花，果实细长形，弯曲如牛角。果皮深紫色，果皮薄，肉质致密、细嫩、味浓、籽少。单果重 63～69 克。早熟丰产，亩产 1 250～2 000 千克。较耐寒，较抗绵疫病，不抗褐斑病。适于江苏省各地作露地栽培。

4. 湘茄 2 号　湖南省蔬菜研究所育成的早熟茄子一代杂种，从定植到始收 30 天左右。该品种对青枯病和绵疫病有较强抗性，较耐寒，耐涝性强。果实长棒形，紫红色，光泽度好，肉质细嫩。单果重约 150 克，平均亩产量 2 500 千克。适于长江流域地区春季早熟栽培。

5. 湘杂早红　湖南省蔬菜研究所以南县紫圆茄的自交系 92147 为母本，陕西汉中紫茄的自交系 96267 为父本配制成的一代杂种。植株生长势强，株高约 78 厘米，开展度约 75 厘米，茎秆与叶脉紫色。始花节位在第八至十节，单花为主，花冠紫色，隔 2～3 节着生 1 花。果实卵圆形，紫红色，光泽度好。果长 10～14 厘米，果粗 7～9 厘米，比湘早茄短粗，单果重 250 克左右。果肉白色，肉质细嫩、味甜。早熟，从定植到始收 35 天左右，对青枯病和绵疫病的抗性比湘早茄强。坐果性好，每亩产量 3 500 千克左右，适合春栽。

6. 华茄 1 号　华中农业大学园艺系 1991 年育成的茄子一代杂种。该品种表现为极早熟，露地定植至始收仅 40 天左右。果实长棒形，长 25 厘米，横径 4 厘米，果面光滑，紫色有光泽，单果重 100 克左右，商品性状好。皮薄，纤维少。亩产量可达 2 500～3 000 千克，高者达 4 100 千克以上，抗病，耐渍。

7. 扬茄 1 号　扬州市蔬菜研究所育成的杂种一代新品种。株高 90 厘米，株幅 55 厘米，株型紧凑。早熟，10 叶开花坐果，低温下坐果率高。果长 35～40 厘米，横径 4.5 厘米，果色深紫，有光泽，商品性好。每亩产量 4 000～5 000 千克。适于长江中下游地区栽培。

8. 渝早茄 2 号　重庆市农科所选育的茄子一代品种。株高 80 厘米，开展度 78 厘米。叶绿色，叶长 19 厘米，叶宽 12 厘米。门茄着生于第八至九节，果实长棒形，果皮紫黑色，果长 22 厘米，果粗 5 厘米，单果重 200 克左右。果肉绿白色，质地细嫩。早熟，抗性强。一般亩产量 4 000 千克。适于四川省各地种植。

9. 湘墨茄 1 号　湖南省蔬菜研究所 1997 年选育的早熟墨茄一代杂种。植株生长势强，株型半直立。株高 90 厘米，开展度 80 厘米。叶绿色，叶大、长卵形，叶长 24 厘米，叶宽 20 厘米。叶脉及主茎紫色，叶柄、茎及花萼上密生茸毛。第一朵花着生于第九至十一节，隔 2 节 1 花，花冠淡紫色。果实紫黑色有光泽，商品性好。果长 22～25 厘米，较直，果粗 4.5～5.0 厘米，单果重 200 克左右。果肉白色，肉质细软，味甜，籽少，早熟，耐寒性和抗病性强，喜肥，耐热。一般亩产量 4000 千克左右。适于湖南、湖北、江西、四川、安徽、云南、贵州等地作春露地早熟栽培。

10. 早青茄　长沙市蔬菜科研所用 87-28-3 与 87-17-5 配组育成的早熟青茄组合。株高 64 厘米，开展度 62 厘米，生长强健，枝条粗硬，叶色深绿，门茄着生于第十至十一节，隔 2 节一花。门茄近荷包形，果大，果皮青绿光亮、肉质细嫩、风味好。单果重 250～350 克。早熟，耐热、耐旱，较抗青枯病。一般亩产量 2 500～3 000 千克。适于湖南省各地种植。

11. 鄂茄 1 号　武汉市农业科学院选育的早熟紫长茄一代杂种，1996 年通过湖北省农作物品种审定委员会审定。植株直立，平均株高 70 厘米，开展度 60 厘米。分枝性强，花浅紫色，多数簇生，少量单生，6～7 节着生第一花。果实长条形，长 25～30 厘米。横径 3.0～3.5 厘米，单果重 110～150 克。果面黑紫色，平滑有光泽，果肉白绿色。果实质地柔嫩，纤维少略带甜味，果皮薄，耐老，商品性好。该品种抗逆性强，适应性广，宜春、秋两季栽培，尤其是春季早熟栽培。一般亩产 3 500 千克，高产达 5 000 千克以上。

12. 94 - 1 早长茄　山东省济南市农业科学研究所育成的茄子一代杂种。植株长势中等，叶片较稀较狭，茎、叶柄及果柄黑紫色。门茄着生于第七节。花淡紫色，果实长椭圆形，果长 18～22 厘米，果粗 6～7 厘米，单果重 300～400 克。果皮紫黑油亮，果肉细嫩，硬度适中，耐老化。早熟，一般亩产量 4 000 千克左右。适于全国各地冬春保护地栽培。

13. 蒙茄 3 号　内蒙古包头市农业科学研究所选配的一代杂种。植株高 78.5 厘米，生长势强。叶片倒卵形，深绿色。果实卵圆形，纵径 13.2 厘米，横径 10.8 厘米，果皮紫色，单果重 380 克左右。果肉黄白色，籽少，皮薄，商品性好。早熟，一般亩产量 4 500～5 000 千克。适宜露地和保护地栽培。苗龄 70～80 天，定植时幼苗带花蕾。露地栽培亩栽苗 3 200 株，行距 50 厘米，株距 42 厘米；保护地栽培亩栽 4 000 株，行距 50 厘米，株距 33 厘米。华北和西北部分地区栽培。

14. 华茄 1 号　华中农业大学园艺系用 85 - 13 与 85 - 1137 两个自交系配制的一代杂种。植株分枝性强，坐果率高。门茄着生在第六至八节上。果实长棒形，果皮紫色，有光泽，皮薄，粗纤维少，纵径 25.0 厘米，横径 4 厘米，单果重 100 克左右。抗逆性强，抗绵疫病。极早熟种，从定植到采收 40 天左右，每亩产量在 2 500～3 000 千克。湖南、湖北长江流域及以南地区适宜栽培。

15. 冀茄 2 号　河北省农林科学院蔬菜花卉研究所以 E - 909 为母本、E - 902 为父本配制的一代杂种。叶缘波状。门茄着生在第九节上。果实圆形，紫黑色，果面光滑，单果重 593 克左右。果肉白色，肉质细嫩、味甜，果肉长时间暴露在空气中不易变褐，种子少。早熟种，从开花到采收 15～17 天，每亩产量在 3 355 千克左右。适宜春露地栽培和保护地栽培。行距 53 厘米，株距 40 厘米，亩栽 3 000 株左右。河北及华北大部分地区种植。

16. 丰研 2 号　北京市丰台区农业技术推广中心配制的一代杂种。植株高 75 厘米，开展度 65 厘米×75 厘米，植株直立，叶稀，叶缘波浪状。门茄着生在第六节上。果实扁圆形，紫黑色，有光泽，果实横径 10 厘米，单果重 500 克左右。品质好，较抗黄萎病。早熟种，每亩产量在 4 553 千克左右。适宜早春保护地栽培。亩栽苗 2 900～3 400 株。适宜东北、华北、华东地区种植。

17. 豫茄 1 号　河南省商丘县种子公司从地方品种"长青茄"中经过系统选育而成的新品种。植株高 95 厘米，开展度 80 厘米 80 厘米，长势强。门茄着生在第六至七节上，花乳白色，多单生，少量簇生。果实长圆形，果实纵径 17～20 厘米，横径 13～15 厘米，单果重 400～500 克。果皮青绿色，果面光滑有光泽。果肉浅白色，质地柔软，粗纤维少，果皮薄，品质好。抗逆性强，适应性广。早熟种，每亩产量在 5 000 千克左右。适宜春秋两季栽培。河南省各地均可栽培。

18. 金山长茄　福建农业大学园艺系选育出的长茄一代杂种，1998 年通过福建省农作物品种审定委员会审定。金山长茄生长势强，植株高 80 厘米，茎绿紫色，株型紧凑，叶片数较多，叶片绿色带紫红色晕。果实顺直、色泽紫红而有光泽，果皮薄，果肉洁白，食用口感好，单果重 150～200 克，抗病，平均亩产量为 3 000～3 500 千克。高产者可达 5 200 千克，适宜福建省栽培。

19. 茄杂 2 号　河北省农林科学院蔬菜花卉研究所配制的一代杂种。株高 80～90 厘米，长势强，叶大，绿色。花较大，淡绿色。门茄着生在第八至九节上。果实圆形，果皮紫红黑色，果面光滑，单果重 546 克左右。果肉浅绿白色，肉质细嫩、味甜，种子少，品质好。较抗黄萎病。早熟种，从开花到采收 15 天左右，每亩产量在 5 000～6 000 千克。适宜春季栽培。亩栽

1 700～2 300株。适宜河北、山东、云南和安徽等地种植。

20. 蓉杂茄3号　成都市第一农业科学研究所以从成都地方品种竹丝茄混杂群体中用单株选育法经多代自交纯化的株系8901-B-3为父本，以从川南地方品种中选育的优良株系8903-A-2为母本配制的一代杂种。该品种从定植到始收42天左右；株型直立，生长势强，株高80厘米，开展度60厘米，茎黑紫色，叶片长卵形，叶柄及叶脉浅紫色；果实棒状，纵径25厘米左右，横径6厘米，果皮紫色，果肉细嫩，单果重240克左右；抗病、抗逆性好，单株结果多，每亩产量3 800千克左右。该品种适宜在四川省茄子产区春季种植，尤其适宜水旱粮菜轮作栽培。

21. 闽茄2号　是由福州市蔬菜科学研究所利用自交系048-2-1-3和059-1-1-3为亲本选育而成的茄子一代杂种。该品种生长势强，平均株高73.2厘米，株幅75厘米，叶紫绿色，果形直长，纵径30～35厘米，横径3.2～4.0厘米，单果重140克，果皮深紫红色，果肉白、细腻，抗黄萎病、绵疫病，每亩产量2 500千克左右。适于春季露地栽培，目前已在福建、江西、浙江等地大面积栽培。

22. 龙杂茄5号　黑龙江省农业科学院园艺分院以自交系15号为母本，98-5为父本配制的早熟茄子一代杂种，果实长棒形，紫黑色，光泽度好，耐老化，果肉绿白色，细嫩，籽少，果纵径25～30厘米、横径5～6厘米，单果重150～200克，每亩产量4 000千克左右，中抗黄萎病，对褐纹病的抗性较对照强，耐低温、弱光，适于黑龙江省保护地栽培。

哈尔滨地区早春大棚栽培1月底播种，3月初移苗，4月中旬定植，株距30厘米，行距70厘米。大棚栽培时必须使用白色棚膜，以便茄子果实正常着色。

23. 白玉白茄　广东省农业科学院蔬菜研究所选育的春、秋早熟茄子一代杂种。植株生长势强，株高96厘米，开展度95.7

厘米；早熟，播种至始收春种 105 天，秋种 86 天，延续采收期 46～68 天，全生育期 151～154 天；果实长棒形，头尾均匀，尾部尖，果皮白色，光泽度好，果面着色均匀，萼片绿色，果肉白色，紧实，果长 25.7～26.1 厘米，横径 4.1～4.3 厘米，单果重 191.9～192.2 克，商品率 94.4％左右；中抗青枯病，耐热性和耐寒性强，耐涝性较强；田间褐纹病发病程度为 1 级，未见发生枯萎病。产量较对照紫荣显著增产。

广东地区春种 11 月至翌年 1 月播种，秋种 6 月下旬至 8 月播种，每亩用种量 10～15 克，每亩定植 600～1 100 株。注意防治蓟马和茶黄螨。

24. 紫藤　浙江省农业科学院蔬菜研究所以舟山长茄经连续多代定向选择选育出的极早熟自交系 Z673 为母本，以台湾引进的 E638 为父本选育的茄子一代杂种。该品种早熟，定植后 40 天左右始收，前期生长势旺，株高 100～110 厘米。第一雌花节位为第八至九节，花蕾紫色，中等大小，单株坐果 35～40 个，最高可达 48 个。果实长直，果皮深紫色，光泽度好，果长 30 厘米以上，横径 2.4～2.8 厘米，单果重 80～90 克，外观漂亮，商品性好。抗枯萎病，中抗青枯病和黄萎病，每亩产量 3 900 千克左右，适宜喜食紫色长茄地区保护地和露地栽培。

25. 黑骠　南京市蔬菜科学研究所以自交系 FaS-095 为母本、S-8900B 为父本配制而成的早熟茄子一代杂种。植株生长势强，根系发达，株型半直立，株高 100 厘米左右，开展度 105 厘米左右，节间 6.28 厘米，茎及叶脉黑紫色；早熟，第七、八片真叶现蕾；坐果能力强，每隔 1～2 片叶着生 1 花序；果实长棒形，果长 27 厘米，横径 4.3 厘米，单果重 170 克，果皮、萼片黑紫色，有光泽，商品性佳，每亩产量 4 000 千克左右；抗逆性强，耐低温弱光，适于冬春保护地或秋露地栽培。

26. 黑长龙　南京市蔬菜科学研究所以自交系 S25-1-30 与 S90-2-6B 配制而成的早熟茄子一代杂种。该品种株型半开展，根系较发达，生长势较强；株高 90 厘米左右，开展度 100 厘米左右，节间 5.35 厘米；叶片繁多、较小，茎、叶脉黑紫色；始花节位为第七节，花繁，每隔 1～2 片叶着生 1 朵花；早熟，坐果能力强，单株挂果 15～19 个，花后 19 天开始采收；果实长条形，果长 31～34 厘米，横径 3.4～3.8 厘米，单果重 100 克，萼片黑紫色，果皮黑紫色有光泽，商品性佳；春季栽培每亩产量 4 000 千克左右，适宜露地和大棚春早熟栽培，亦可秋露地栽培。

27. 汉洪（红）2 号　南昌市蔬菜科学研究所等单位以自交系 E - 2 为母本，以自交系 E - 9 为父本配制而成的紫红色长茄一代杂种。该品种植株生长势强，株高 70 厘米左右，开展度 65 厘米左右，分枝性强，门茄位于第九节。早熟，开花至始收 50 天左右，花多、簇生（2 朵），少数为单生。商品茄长条形、顺直，果长 30～35 厘米，横径 3.5～4.0 厘米；果顶部钝尖，果柄和萼片均为紫色；果皮紫红色，光滑油亮，皮薄籽少；果肉白色，肉质柔嫩，味甜；茄眼处白色。单果重 150 克左右，每亩产量 3 500 千克左右，适合长江流域早春露地和大棚、秋延后栽培。

28. 瑞丰 1 号紫长茄　广西壮族自治区农业科学院蔬菜研究中心以广西农家品种胭脂茄高代自交系为母本，以广西农家品种旺步紫长茄为父本配制而成的茄子一代杂种。该品种生长势强，叶绿色，长椭圆形，边缘有浅裂，叶脉、果柄、萼片均呈紫色，有芒刺，花紫色，易坐果。早熟，门茄着生于第八至九节。果实棒形，下端稍钝，商品果纵径 28～30 厘米，横径 3.5～4.0 厘米，单果重 180～200 克。果皮紫红色、有光泽，皮薄肉嫩，肉白色，切口不易变褐色，肉质柔软，品质佳。种子短肾形，淡黄色，千粒重 2.5 克左右。中抗青枯病，幼苗耐寒性强，每亩产量 4 500 千克左右，适合春、秋露地栽培。

29. 新茄 6 号　新疆乌鲁木齐县种子站等单位选育的早熟茄子新品种。该品种株高 92～96 厘米，开展度 71 厘米，生长势强。茎及叶柄绿色有紫晕，叶形指数 1.5，第五至六片叶腋出现门茄，早熟，保护地栽培定植至采收 35 天；花浅紫红色，果实细长，粗细均匀，果长 30.0～36.5 厘米，横径 3.0～3.4 厘米，单果重 140 克左右，连续坐果能力强，果面浅紫红色，光泽度好，果肉绿白色，质地细嫩。每亩产量 4 500～5 500 千克。田间黄萎病发病率低于新疆长茄，低温下坐果率高，适合早春大棚、小棚和露地覆膜栽培。

（二）中熟品种

1. 高秆竹丝茄　成都市地方品种，栽培已多年。主要分布在成都，四川省内各地多有栽培。植株高度 80～90 厘米，开展度 65～70 厘米。主茎高约 27 厘米，茎绿色。叶片卵圆形，浅绿色，叶柄及叶缘绿色带紫晕。第一花着生于第七至十一节，果棍棒状，果蒂部微弯，纵长 28～30 厘米，横径 5.0～6.0 厘米，浅绿色带紫色细条纹，果柄及果萼浅绿并有较多短刺，果脐小。单果重约 300 克。早中熟，耐热，抗病力较强、适应性广。果肉松软，外皮薄，质地细嫩，水分少，味甜，籽少，品质好。

2. 湘杂 4 号　湖南省蔬菜研究所 1994 年选育的中早熟一代品种。植株生长势强，株高 80 厘米，开展度 95 厘米。果实长棒形，深紫色，果长 24.7 厘米，果粗 3.8 厘米，单果重约 140 克。果肉绿白色，品质好。中早熟，耐热，抗病，较耐寒。一般亩产量 3 000 千克以上。适于湖南、湖北、江苏、上海等地作露地中早熟栽培。

3. 玫茄 1 号　福建省农业科学院良种公司经过 10 年选育的新品种，生长势强；株高 64 厘米，开展度 81 厘米；果长 30～33 厘米，横径 4 厘米，尾部稍弯，单果重 170 克；果皮鲜紫红色，着色均匀有光泽；果肉乳白色，松软细嫩，皮薄，籽少，味稍甜，较耐老，商品性及风味均较好；植株分枝性强，耐热性强，在夏季采收后期高温条件下，连续结果性强，而且果实外观漂亮，商品性好；早期产量高，一般每亩产量为 2 000～3 000 千克。

4. 楚茄杂 1 号 云南省楚雄农业学校育成的茄子一代杂种。该品种生长旺盛，茎秆粗壮，紫黑色。株高约 136 厘米，分枝性强，开展度为 102 厘米左右，门茄坐果率高，果实长棒状，果皮红紫色，细嫩有鲜艳亮光；果肉白色，味甜，籽少；单果重 200～210 克，采收期长，单株可采果 20 个，最高达 30 余个。早中熟，一般亩产量可达 8 000～10 000 千克。适宜云南省栽培。

5. 黑贝 1 号圆茄 河北农业大学园艺学院采用品系 98‑24 为母本、98‑8 为父本培育出的棚室茄子一代杂种。该品种生长势强，株型紧凑，植株开展度小，直立性强；叶片绿色略带紫色，叶柄紫黑色；中熟，门茄着生于第八至九节，坐果能力强；果实圆球形，紫黑色，果型指数 0.93；平均单果重 580 克，最大达 910 克；商品品质优良，果皮黑亮较厚，耐运输；果肉脆嫩洁白，褐变很轻，烹饪色泽好，口感风味佳；耐寒能力较强；适于华北地区棚室春提前和秋延后及露地栽培。

6. 浙茄 28 浙江省农业科学院蔬菜研究所以杭州红茄定向选育而成的自交系 J801‑1 为母本，以从泰国引进的 T905‑2 为父本选育的一代杂种。该品种生长势旺，株高 100～120 厘米。第一雌花节位为第九至十节。花蕾紫色，中等大小，平均单株结果数 25～30 个，最高可达 40 个。果长 28～35 厘米，果粗 3.0～3.5 厘米，单果重 100 克左右，果型直，果皮紫红色，光泽好，外观漂亮，商品性好，夏季的商品果率较对照增加明显，一般每亩产量 3 700 千克以上。中抗青枯病、黄萎病和绵疫病，耐热，适宜全国各喜食紫红长茄地区春夏露地栽培。

7. 紫秋茄子 浙江省农业科学院蔬菜研究所选育的长茄类型的茄子新品种。生长势较强，株高 100 厘米左右。始花节位在第九至十节，花蕾紫色，平均单株坐果数 35～40 个。商品果长 30 厘米左右，直径 2.5～2.8 厘米，单果重 85～95 克；果形较直，果皮紫红色，具光泽，商品性好。经浙江省农业科学院植物保护与微生物研究所苗期接种鉴定中抗青枯病、黄萎病和绵疫

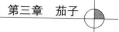

病。每亩产量 3500 千克左右。适宜在浙江省秋季露地种植。

8. 京茄 2 号 北京市农林科学院蔬菜研究中心以自交系 98 - 65 为母本、98 - 1 为父本配制而成的圆茄一代杂种。中熟，植株粗壮直立，生长势及分枝力强。叶片大，叶色深紫绿。果实圆球形、略扁，果皮黑紫色，单果重 500～750 克。连续结果能力强，平均单株结果数 10 个以上，每亩产量 4 500 千克以上。对黄萎病的抗性比对照短把黑和北京九叶茄强，适合春季小拱棚、秋大棚以及春秋露地栽培。

9. 京茄 3 号 北京市农林科学院蔬菜研究中心育成的具有中早熟、丰产、抗黄萎病等优良性状的圆茄一代杂种。植株生长势较强，始花节位在第七至八节，叶色深紫绿，株型半开张，连续结果性好，平均单株结果数 8～10 个，单果重 400～500 克。果实扁圆形，果皮紫黑发亮，果肉浅绿白色，肉质致密细嫩，品质佳。易坐果，较耐低温弱光，低温下果实发育速度较快，畸形果少，特别适宜保护地生产。前期比北京七叶茄增产 30％以上，保护地栽培亩产量 5 000 千克。适宜华北、西北、东北地区温室和大中棚栽培，同时也适宜早春露地小拱棚覆盖栽培。

10. 并杂圆茄 1 号 太原市农业科学研究所以自交系 Z98 - 01 为母本，K97 - 01 为父本配制而成的一代杂种。中早熟，生长势强，茎秆粗壮，株高 80～166 厘米，开展度 90～102 厘米，叶色深绿带红晕，始花节位在第八至九节，植株结果多，坐果好。果实近圆形，果纵径 12.7 厘米，横径 14.3 厘米，果皮紫黑发亮，果肉黄绿色，肉质细腻，味甜。果内种子少，果实硬度适中，大小均匀，平均单果重 646.0 克。一般每亩产量 4 800～5 600 千克，对黄萎病、褐纹病、绵疫病的抗性强于对照短把黑。适宜露地及保护地栽培。

11. 青杂 2 号 河南省周口市农业科学研究所选育的茄子一代杂种。该品种生长势强，植株健壮，株高 1 米左右，叶片肥厚，叶深绿色，中早熟，始花节位在第七至八节，花紫色，门茄现蕾至采收 22 天，果实长圆形，青绿色，有光泽。肉绿白色，籽少，单果重 1 000～1 500 克，最大果 2 000 克，商品性好，对黄萎病的抗性强于对照糙青茄。适宜喜食绿茄地区作早春日光温室、大棚和早春双膜覆盖种植，春露地种植和晚秋生产表现亦很好。每亩产量 6 500 千克左右。

12. 晋紫长茄　山西省农业科学院蔬菜研究所以临猗紫长茄经多代自交选育的自交系 104 - 126 - 43 - 18 为母本，以柳林长茄经多代自交选育的自交系 237 - 9 - 27 - 11 为父本配制而成的一代杂种。该品种植株直立，生长势强，株高 120 厘米左右，开展度 105 厘米左右，茎绿色，花紫色，始花节位第九节，叶形掌状，叶色绿，叶缘波状，结果能力强。果实长筒形，果皮鲜紫光亮，肉质白色，单果重 500 克左右，纵径 22 厘米左右，横径 10 厘米左右，果肉细嫩松软，口感好。中早熟，果实膨大速度较快，从开花到采收 15～20 天，每亩产量 5 000 千克左右。对黄萎病的抗性强于对照短把黑，适合露地春夏季种植。太原市郊一般 3 月上中旬阳畦育苗，苗龄 60 天，5 月上中旬定植，每亩栽 2 000～2 200 株。

13. 济农世纪星长茄　山东省济南市农业科学研究所利用自交系黑田 97 - 14 为母本、黑桥 95 - 22 为父本配制的一代杂种。该品种中熟，8～9 叶现蕾，每隔 1～2 片叶再现 1 花序，生长势旺盛；果实长棒形，果长 28 厘米左右，横径 6～7 厘米，上下均匀，不青头，表皮光滑，黑紫亮丽，着色均匀，无阴阳面，果肉浅绿色，细嫩，软硬适中，不中空，粗纤维少，种子少，炖炒皆佳，口感好；单果重 340 克左右，每亩产量 11 000 千克左右，较耐寒，适合华北地区冬春茬保护地栽培。

14. 济农优美长茄　山东省济南市农业科学研究所以龙茄 98 - 2 为母本、福龙 99 - 03 为父本配制而成的一代杂种，中熟，8～9 叶现蕾，生长势旺盛，坐果能力强；果实长棒形，果长 35～40 厘米，横径 4～5 厘米，上下均匀，顺直美观；果皮光滑、紫黑亮丽，不青头，着色均匀，无阴阳面；果肉浅绿色、细嫩、软硬适中、不中空、粗纤维少，种子少，口感好；单果重300克左右，每亩产量10 000千克左右，适于华北地区越冬茬、春大棚、秋延迟大棚栽培。

15. 茄杂6号 河北省农林科学院经济作物研究所由自交系134与园杂-黑扁-1-1-M配制而成的春秋大棚专用茄子品种。该品种为早中熟茄子一代杂种，始花节位为第八至九节，生长势较强，株型紧凑，叶片窄小、上冲；果实扁圆形，果皮紫黑色、油亮，果面光滑，果顶、果把小，无绿顶，果肉浅绿色，肉质细密，味甜；单果重900克左右，商品性佳；春、秋大棚栽培每亩产量6 340千克左右。冀中南地区春棚3月中旬定植，秋棚7月下旬至8月上旬定植。一般每亩栽1 800～2 000株。

16. 新丰紫红茄 广东省农业科学院蔬菜研究所选育的春、秋早中熟茄子一代杂种。植株生长势强，株高98.1～102.6厘米，开展度94.2厘米；早中熟，播种至始收春种107天，秋种88天，延续采收期44～67天，全生育期151～155天，门茄坐果节位为第十一节；果实长棒形，头小尾大，尾部钝圆，果长23～25厘米，横径4.7～4.9厘米，果皮紫红色，光泽度好，果面着色均匀，萼片紫色，果肉白色、紧实，单果重220.4～225.5克；中抗青枯病，商品率94%左右；田间表现耐热性和耐寒性强，耐涝性较强。比对照紫荣2号显著增产。粤北和粤西地区每亩定植600～800株，珠江三角洲地区每亩定植1 000～1 200株。

17. 辽茄15号 辽宁省农业科学院蔬菜研究所以EY3-2-14-5为母本、EY2-2-6-7为父本配制而成的单性结实茄子新品种。田间表现整齐一致。中早熟，生育期为113天，比对照辽茄4号晚4天。株型直立，平均株高91.5厘米。茎紫色，叶片中到大，叶绿紫色，叶缘波浪形，叶脉紫色，无叶刺，紫色花。果实长棒形，平均果长20.5厘米，果横径5.5厘米，果顶为圆形，单果重 178 克。商品果皮紫黑色，光泽度强。果面无条纹，果实无棱。果萼中等、紫色，果萼下果皮颜色为深粉色。维生素 C 含量 80.0 毫克/千克，可溶性总糖 27 克/千克。果实商品性好。对黄萎病和绵疫病的抗性强于对照辽茄 4 号。一般每亩产量 4 900 千克左右。该品种适于辽宁省保护地栽培，依地区不同可采用春大棚或日光温室早春茬。

18. 春秋长茄 重庆市农业科学院培育出的优良杂交一代茄子新组合。早中熟，果实长棒状，商品果纵横径 29 厘米×5.5 厘米，单果重 220 克左右，果黑紫色有光泽，商品性好，品质佳，适应性广，抗虫性较强。较耐密植，每亩产量 3 500 千克，可春、秋两季种植，适于保护地或露地早熟栽培。

（三）晚熟品种

1. 墨茄 成都市地方品种，栽培历史多年。主要分布在成都，省内各地均有分布。植株高度 1.0～1.1 米，开展度 60～65 厘米。主茎高约 34 厘米，茎黑紫色。叶片卵圆形，绿色。叶柄及叶脉绿色带紫晕，叶缘大波状，第一花着生于第十至十三节，花冠淡紫，花萼黑紫色，果实长圆柱形，纵长约 40 厘米，横径约 5.0 厘米，黑紫色，果柄及果萼黑紫色，有短刺，果脐小。单果重约 300 克。中晚熟，抗病性、抗逆性均较强。果肉疏松，细嫩，纤维少，水分多，种子多，皮薄，品质好。

2. 湘杂 6 号 湖南省蔬菜研究所 1992 年选育的晚熟一代杂交种。植株生长势强。株高 103.1 厘米，开展度 100.8 厘米。叶色深绿，叶长 19.4 厘米，叶宽 12.1 厘米。果实粗棒形，果皮紫红色，有光泽。果长 18～20 厘米，果粗 5.8～6.5 厘米，单果重 210～350 克。果肉白色，肉质细嫩. 品质特佳，有"糯米茄"之称。晚熟，耐热，耐寒，喜肥，抗病性强。亩产量 4 000 千克左右。适于湖南、湖北、江西等地作秋茄栽培。与西瓜套种，产值更高。

3. 安阳大红茄 河南省安阳市郊区农家品种，植株生长势

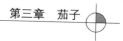

强，高大，直立。株高 120 厘米。门茄着生于第九节。果实近圆形，果皮光滑，紫红色，果肉纯白色，肉质细嫩，适于熟食。平均单果重 500～1 000 克，最大可达 2 千克。抗热，较抗绵疫病，不抗黄萎病。晚熟，适应性强。一般亩产量 4 500～5 000 千克。适于河南省各地春夏两季栽培。

4. 丰研 1 号 北京市丰台区农科所从混合杂交后代中，经多年连续单株筛选而成的夏播茄子品种，株高 80 厘米左右，开展度较小，叶片窄小，适于密植。门茄着生于第九节。果实近圆或稍扁圆形，单果重 500～700 克。果皮深黑紫色，光泽较强，品质较好。晚熟，抗逆性强，耐病、耐热、耐涝。对土壤的适应性强，可在黏性、沙性、碱性土壤上栽培。亩产量 3 500 千克左右。适于华北北部作夏季栽培。

5. 鲁茄 3 号 山东省济南市种子公司选育的晚熟一代杂交种，主要性状：植株生长势强。株高 140～160 厘米，开展度 120～120 厘米。门茄着生在第九至第十节。果实卵圆形，果皮紫黑色。单果重 500～600 克。品质一般。中晚熟，耐热、耐涝、耐运输，抗病性强和适应性广。定植后 55～60 天开始采收。亩产量 7 500 千克左右。适宜山东及华北地区种植。

6. 冷江红茄子 湖南省冷水江市蔬菜种子公司选育的新品种。植株直立，株高 95 厘米，开展度 80 厘米×80 厘米。茎紫色，分枝多，长势强，叶绿色。门茄着生在第九至十节上，果实长卵圆形，长 22～25 厘米，横径 7～9 厘米。果皮紫红色，表面光滑，皮薄，肉质紧密、细嫩，口感好，果肉白色，商品性好。抗黄萎病、绵疫病、青枯病。中晚熟。一般亩产量 5 000 千克。适宜春秋两季栽培。每亩栽苗 2 500 株。适于湖南省各地种植。

7. 冠县黑圆茄 山东省冠县地方品种，生长势强。第十节左右开始着果。果实近圆形，皮紫黑光亮且脐部呈绿色，单果重 0.8～1.0 千克。中晚熟，从定植至采收约需 65 天。抗逆性好。

品质及商品性佳。适于山东省种植。

8. 新茄 5 号 新疆乌鲁木齐县种子站选育的中晚熟茄子一代杂种。其母本 19 号茄是由五叶茄经多年自交选育出的稳定自交系，父本 18 号茄是由灯笼红茄经多代自交选育出的稳定自交系。该品种植株生长势强，株高 77～81 厘米，开展度 51.3～74.4 厘米。茎和叶绿色有紫晕，叶椭圆形，一般第六至七节出现第一花。果实近圆形，果型指数 1.1，商品成熟果深紫红色，有光泽，果脐小，商品性好，平均单果重 600 克。连续坐果能力强，在 9 月生长后期顶部茄子能正常膨大且果色美观。抗黄萎病能力优于灯笼红茄和五叶茄，每亩产量 6 000 千克左右，适合新疆地区早春露地覆膜栽培，也适合早莴苣、甘蓝、花椰菜收获后秋延后栽培。

乌鲁木齐地区早春露地覆膜栽培，2 月下旬温室育苗，4 月中旬分苗。5 月上旬定植，起垄覆地膜，垄宽 50 厘米，株行距 50 厘米×50 厘米，每亩栽苗 2 600 株左右。

9. 安茄 2 号 河南省安阳市蔬菜科学研究所以安阳大红茄定向选育而成的自交系 A95－3－2 为母本，以荷兰圆茄品种经多代自交分离并纯化的自交系 S96－7－1 为父本配制而成的圆茄一代杂种。该品种中晚熟，从定植到始收 50～60 天。植株生长势强，茎秆粗壮，抗倒伏，株高 95 厘米左右，开展度 85 厘米，叶较大，深绿色，带紫晕。门茄着生于第十节，以后隔 1 节着生 1 花序。果实近圆形，单果重 1.0～1.5 千克，果皮光滑，紫红发亮，果肉白而细嫩，内含种子少，商品性佳，且特耐老化。不早衰，单株同时坐果最多达 13 个。耐热性强，抗褐纹病，中抗青枯病、黄萎病和绵疫病，每亩产量 6 200 千克左右，可作春露地及麦茬恋秋栽培，也可作保护地长季节栽培。

10. 丰研 4 号 北京市丰台区农业技术推广站以北京九叶茄经多代自交单株选择而成的稳定自交系 432－1－3 为母本，以山东毛茄经多代提纯复壮而成的稳定自交系 707－1 为父本配制而成的中晚熟茄子一代杂种。定植至采收 40 天左右；植株生长势较强，坐果率高，门茄着生于主茎第九节，叶灰绿色；果实扁圆形，果皮黑紫色，光泽度好，果肉浅绿白色，致密细嫩，品质佳；单果重 800 克左右，每亩产量 4 000 千克左右，适宜喜食紫黑色圆茄的地区夏秋季栽培。

第四节　茄子栽培季节及管理技术

一、茄子的栽培季节

茄子喜温不耐霜冻，在中国仅有华南地区和台湾省可以常年栽培，其他地区均在无霜期内栽培。其栽培季节一般分为早茄和晚茄两类。

1. 早茄子栽培　早茄子栽培于早春育苗，晚霜后定植露地，是茄子的主要栽培季节。在东北、西北高寒地区于 2 月至 3 月中旬在温室或温床育苗，塑料拱棚移苗，终霜后定植于露地，6 月中下旬至 7 月上旬始收，9 月中下旬收获结束；在华北地区，于 1～2 月温室或温床育苗，4 月中下旬定植，覆盖地膜，6 月中下旬开始收获，7 月下旬至 8 月上旬收获结束。下茬种植秋菜。长江流域于 11～12 月在冷床育苗，翌年终霜后定植于露地，5 月中下旬始收，10～11 月收获结束。华南地区春茄子在 10～11 月播种育苗，翌年 2 月中旬移苗，4 月中、下旬始收，7 月中下旬收获结束。

2. 晚茄子栽培　晚茄子一般在晚春育苗，于春季速生菜收获后定植。根据不同的茬口，定植期有早有晚。晚茄子的收获一直延续到早霜出现为止，对解决 8～9 月淡季供应有一定作用。

华南地区秋茄子于 6～7 月播种育苗，7～8 月移苗，苗期 30 天。移栽后 45 天左右于 8 月中下旬至 9 月中下旬始收，可延续采收 40～50 天。

长江流域的茄子秋季栽培一般在 6 月下旬播种，7 月定植，

8月开始采收，可采收至10月。四川的成都地区过去多采用留翻花茄子的方法，在清明节定植茄苗，加强栽培管理，在秋季采收翻花茄子，以满足市场需要。在长江上游的重庆市是在夏至前后播种，以健株越夏，采收至12月上中旬。

近年来在湖北宜昌和四川成都栽培夏秋茄，在3月中旬至4月中旬育苗，5月定植，7月上旬开始采收，8月中旬至10月为盛收期，11月上旬拉秧。

自20世纪70年代以来，由于保护地栽培的发展，塑料薄膜的应用，使茄子的栽培季节与方式均有了很大变化，除传统的露地栽培外，还有温室栽培、塑料大棚栽培、塑料小棚及地膜覆盖栽培。尤其在严寒的东北和西北地区，露地栽培茄子现已大部分采用地膜覆盖，收获期可提前7～10天，增产效果显著。前期增产60%以上，总产可增加30%～40%。采用保护设施栽培茄子，在东北、西北高寒地区可提前或延后采收期2～2.5个月。

在华北地区采用保温性能稍差的日光温室、塑料大棚、塑料中棚、塑料小棚、风障阳畦等设施进行茄子的春早熟栽培，播种期在11月初，2月上中旬定植，4月中下旬开始收获。采用保温性能良好的日光温室行越冬栽培，播种育苗期为8月底至9月上中旬，在10月底至11月初定植在温室内，12月中旬前后开始采收，直至翌年秋季。

在四川盆地近年来采用塑料大棚冷床育苗在9月下旬播种，11月上旬假植1次，2月定植于塑料大棚中，于4月上中旬收获。至6月20日前采收3～4薹果后拔除，再种植一季水稻。也可一直采收至11月份。

二、华北茄子春早熟栽培

茄子春早熟栽培技术是用阳畦、温床或日光温室育苗，定植在保护设施里，进行一段保护栽培，待天气转暖后撤除保护设施，转为露地栽培的冬、春季栽培方式。这种方式成本较低，易于获得早熟、丰产，经济效益较高，有效地解决了春末夏初蔬菜淡季问题。该方式在我国北方极为普遍，发展迅速。

（一）栽培设施及时间

春早熟栽培是在早春定植，初夏收获，因而栽培设施不需要保温性能很好的日光温室。一般用保温性能稍差的日光温室、塑料大棚、塑料中棚、塑料小棚、风障阳畦等设施进行栽培。

利用保温性能稍差的日光温室栽培时，华北地区多利用日光温室或阳畦等育苗。播种期为 11 月初，苗龄 110～120 天，2 月上中旬定植，4 月中下旬开始收获。利用电热温床育苗的播种期为 12 月初，苗龄 70 天，2 月上中旬定植。

利用塑料大棚栽培，华北地区在日光温室或阳畦育苗时，播种期为 12 月上中旬，苗龄 110 天左右，3 月中下旬定植，5 月上旬开始采收。利用温床育苗时，播种期为 1 月上中旬，苗龄 70 天左右，3 月中下旬定植。

利用风障阳畦栽培，在阳畦内育苗的播种期为 11 月底，2 月底定植，4 月底开始采收。

利用塑料小拱棚栽培时，有草苫子覆盖的播种期和定植期比塑料大棚提前，在风障阳畦之后；无草苫子覆盖时，可比塑料大棚延后 7～10 天。

（二）品种选择

茄子春早熟栽培育苗和结果前期，均在寒冬和早春，气温低，日照弱。因此，应选用耐弱光，生长势中等，适应低温，门茄节位低，易于坐果，果实生长速度较快的早熟品种。此外，还应注意当地或远销处消费者的食用习惯，来确定果形、果色和品种。目前华北地区应用较多的有北京六叶茄、北京七叶茄、济南早小长茄、济杂长茄 1 号等品种。

（三）育苗

1. 育苗床　茄子苗期很长，春早熟栽培育苗期又值寒冬，外界气温较低，为保证秧苗正常发育，最好利用电热温床。华北地区电热温床的功率以每平方米 100 瓦为宜。利用冷床育苗时，一定要加强保温措施。

2. 种子处理　播种前 5～7 天。种子应进行处理。一般用 50～55℃的温汤浸种，或用 1‰的福尔马林液浸种 15～20 分钟，再用清水洗净。用上述方法消灭种子本身携带的病原菌。消毒后再浸种 4～6 小时。浸后捞出，晾干表面水分，用纱布包好，置于恒温箱内，白天保持 30℃，夜间 18℃，利用变温催芽法催芽。5～7 天即可出芽。茄子种子表面有一层黏液，在潮湿时，互相粘连影响空气通透，致使内层的种子很难发芽。这是茄子种子不易催芽的主要原因。为解决这一问题，可用变温催芽法，白天 30℃，夜间 16～18℃。也可用干爽催芽法，即浸种后，把种子晾至表皮干爽互不粘连，再用纱布包裹，外层用湿润的毛巾包起来。每天把外层的毛巾浸湿，保证空气湿度饱和，防止种子干燥。只要种子不过分干燥，即不用浸水，防止种子浸水而粘连。如此保证空气通透，即可整齐地发芽。种子大部分露白，即可播种。

3. 播种　播种应选"暖头寒尾"的日子于上午进行。尽量争取播种后有数天温暖的日子。播前灌水不宜过大，以浸透10～12 厘米上层土壤为度。水渗下后播种，每平方米 7～10 克种子。每定植 1 亩地需 30～40 克种子。播后覆土 1～1.5 厘米，并扣严塑料薄膜，夜间加盖草苫子。

4. 苗期管理　出苗期白天保持 25～30℃，夜间 16～20℃，5～7 天即可出苗。利用冷床育苗温度条件较低，达不到上述标准，出苗期较长，可达 15～20 天。如 1 个月内不出苗，应检查是否烂种，可重新播种。

幼苗出土后，适当降低温度，防止幼苗徒长。保持白天 25℃，夜间 15℃左右。此时，冷床育苗的温度很低，长期处于 12℃以下的低温，会导致苗期病害的大发生。

幼苗期尽量少浇水，以免降低地温和造成湿度过大而发生病害。为防止干旱，可在晴天温度较高时于苗床上撒干土，以补地表裂缝和保墒。如土壤十分干旱，可在上午浇小水，中午及时放风排湿。

待幼苗1～2片真叶时，应进行分苗。分苗前3～4天，加大通风量，降低苗床温度，白天保持20℃，夜间15℃，以锻炼秧苗的抗寒能力，提高定植后适应性。

从播种至分苗的时间，冷床育苗为60～80天，温床育苗为30天左右。此期最大的问题是气温低，冻害、冷害严重。采取一切措施保证适宜的温度是成败的关键。

分苗畦可用保温性能良好的日光温室或阳畦。选晴暖天气上午分苗，株行距为10厘米×10厘米。分苗后及时浇水，扣严塑料薄膜，夜间加盖草苫子保温。白天保持25～28℃，夜间20℃。等5～7天缓苗后，白天保持25℃，夜间15～18℃。分苗初期外界温度仍然很低，应采取措施提高苗床温度，防止冻害、冷害发生。

定植前5～7天应加强通风降温，白天保持20～25℃，夜间15℃左右，以锻炼秧苗的抗低温能力，提高定植后的适应性和成活率。

分苗后应以保持土壤湿润为度，每7～10天浇1次水，浇水后及时松土。结合浇水，每7～10天追复合肥1次，每次每亩用量10千克，共追肥2～3次。有条件时，可根外追施0.2%的磷酸二氢钾液3～4次。

定植前7～10天，浇大水，切块。

5. 壮苗形态　定植时的壮苗形态是：生长健壮，6～7片真叶，高12～15厘米，茎粗0.3～0.4厘米，全株干重1.5克以上，叶大而厚，颜色深绿，根系发达，总吸收面积在0.7米^{2}以上，初现花蕾。日历苗龄以70天为佳。

（四）定植

茄子春早熟栽培定植越早，上市期越早，经济效益越高。但如果定植过早，外界温度尚低，受冷害、冻害的风险会加大。反之，如果定植过迟，冷害、冻害风险小了，但经济效益也下降了。适宜的定植期是当设施内 10 厘米处地温稳定保持在 12℃以上时。定植前 15～20 天，保护设施应覆盖塑料薄膜，夜间加盖草苫子保温，尽量提高地温。

定植前畦内每亩施腐熟的有机肥 5 000 千克，施后深翻耙平。一般作成平畦，也可作成行距 50 厘米、高 10～15 厘米的小高垄。

定植时，选晴暖天气的上午进行，起苗务必带土坨，以减少伤根。定植密度早熟品种以每亩 3 300～4 000 株为宜，株行距为 40 厘米×50 厘米；中晚熟品种每亩 1 800 株，株行距 60 厘米×60 厘米。栽植深度以比原来苗床深度略深一点，即埋土在原土坨之上。栽后立即浇水，把苗坨埋好。

定植后，立即扣严塑料薄膜，夜间加盖草苫子保温，尽量提高设施内的温度。

（五）田间管理

1. 缓苗期管理　春早熟栽培的缓苗期正值冬末春初，外界寒冷时期。因此，应采取一切保温措施提高保护设施内的温度。通过清洁薄膜，改善光照，及时揭盖草苫子保温，保持白天25～30℃，夜间 15～20℃，以促进缓苗。缓苗后，适当降温，白天保持 25℃以上，夜间 15℃以上。定植水略干后应选晴暖天气中耕松土。

2. 开花结果期管理　茄子缓苗后，门茄花陆续开放，进入开花结果期。此期，利用覆盖和通风，保持保护地内的气温在适温范围内，白天为 25～30℃，夜间 15～18℃。保温不透光覆盖物应早揭晚盖，尽量延长见光时间。晴暖天气可全部掀开塑料薄膜，让植株接受 5～6 小时的自然光照。

定植缓苗后直到门茄坐果前为蹲苗期，一般不浇水，而是通过中耕松土来保墒，促进根系发育。门茄坐果后，应及时追肥浇水，每亩撒施 200～500 千克腐熟的有机肥，中耕翻入地下。追肥后立即浇水。随着天气转暖，应增加浇水次数，每 7～10 天浇 1 次水，保持土壤见干见湿。

门茄开花期气温较低，易落花，可用防落素蘸花，防止落花落果，促进早熟。蘸花时应选晴暖天气进行，每花只蘸 1 次，不能重复。

3. 结果期管理　结果期应加强光照管理，尽量延长光照时间。白天在外界温度高于 20℃时，可揭开塑料薄膜，让植株接受自然光照。待夜间外界温度稳定在 15℃ 以上时，可撤除全部覆盖物。

此期外界温度高，蒸发量大，应大量浇水。每 5～7 天浇 1 次水，保持土壤湿润。每 15～20 天追施复合肥 1 次，每次每亩用量 15～20 千克。为利于通风，应把门茄以下的侧枝和老叶及时打掉。

（六）采收

为了提早上市，提高经济效益，采收一定要适时早收，勿待老熟再采收，以免降低果实食用品质，影响以后果实的坐果和生长，以及植株的生长。茄子的采收适期为"茄眼睛"关闭前，即萼片与果实连接的地方，果皮的白色部分很少时，表明果实生长缓慢，转入种子发育期。此时采收为适期，过早影响产量，过晚影响质量。春早熟栽培中，门茄、对茄的采收可比此期再提早一些。

采收时间以早晨或傍晚为宜。中午日照强，茄子表皮颜色深，温度高，易萎蔫，不耐贮存，故不宜采收。

到 6～7 月，春早熟茄子拔秧前 20 天，每株保留 1～2 个已开放的花，在花上部留 1～2 片叶打顶，抑制植株生长，促进结果。

三、华北茄子越冬栽培

茄子越冬栽培是秋季育苗、冬季上市的一种栽培方式。这一栽培方式需用保温性能良好的设施，在环境条件最不适宜的季节进行生产，所以成本高、技术性强、风险大。但由于它能在最大的蔬菜淡季——冬季供应喜温的果菜，是茄子周年供应重要的一环，所以经济效益和社会效益很高，近年来生产面积增长迅速。

（一）栽培设施及时间

茄子属喜温蔬菜，生育期需要的温度条件很高，越冬栽培的大部分时间处于寒冬低温季节。因此，栽培设施必须是保温性能良好的日光温室。

茄子越冬栽培的播种育苗期为 8 月底至 9 月上中旬。在温暖、光照充足的秋季育出壮苗，在 l0 月底至 11 月初定植在温室内，12 月中旬前后开始采收，直至翌年秋季。

（二）品种选择

茄子越冬栽培的生长期在寒冷的季节，温度很低，光照不足，生长发育缓慢，因此应选用耐低温、弱光，在弱光下亦能着色良好的品种。同时，选用的品种在低温条件下能有较高的坐果性能、生长势偏弱的特性。目前常用的有河南糙青茄、北京六叶茄、北京七叶茄、德州火茄子、济南早小长茄及近年来新育成的94-1 和济杂早长茄 1 号等品种。

（三）育苗

越冬茄子栽培的苗期的后期值秋末冬初，初霜来临季节。所以，育苗床应建在风障阳畦、小拱棚内，有条件时直接建在日光温室内最好。育苗前期温度高、雨多，所以苗床应选在地势高、易灌能排的高燥地块。

育苗畦应建在 3 年内未种植过茄科蔬菜的地块上。带菌的老苗床应进行土壤消毒，方法同番茄育苗。

播前，育苗畦每亩施腐熟的有机肥 2 000 千克，浅翻，耙平，作成宽 1.2～1.5 米的平畦或半高畦。畦上设小拱棚，覆塑料薄膜，初期用以遮雨，后期用于保温。

播前种子处理及播种方法参照春早熟栽培。

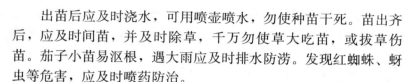

出苗后应及时浇水，可用喷壶喷水，勿使种苗干死。苗出齐后，应及时间苗，并及时除草，千万勿使草大吃苗，或拔草伤苗。茄子小苗易沤根，遇大雨应及时排水防涝。发现红蜘蛛、蚜虫等危害，应及时喷药防治。

待1～2片真叶时，即应分苗。分苗畦的建造与育苗畦相同。分苗应选阴天或下午进行，防止烈日暴晒，致使秧苗萎蔫，降低成活率。分苗的株行距为10厘米×10厘米。分苗后及时浇水，分苗后的头1～2天中午，从10时至午后2时，可在育苗畦上搭凉棚遮阴，防止秧苗萎蔫。

分苗缓苗后，应适时浇水，每5～7天浇1次水，保持畦内土壤见干见湿。并及时松土2～3次。如土壤缺肥，可每10～15天追施复合肥1次，每亩用量7～10千克。

越冬栽培茄子的苗期，前期外界温度较高，如管理不善，很易造成秧苗徒长，定植后抗寒力降低而影响成活率。所以应采用大通风或遮阴的措施，降低苗床温度。育苗后期外界温度渐渐降低，应通过覆盖塑料薄膜保持温度，勿让秧苗受冷害、冻害。总体来看，苗期外界温度比茄子需要的稍低，通过保温措施可以充分满足茄子的需求。温度条件是比较适宜的。

定植前5～7天，应通风降温。控制的温度条件与春早熟栽培相同。

定植前5～7天浇大水切块，以便定植时带土坨移栽。

国外为防止土传病害，有利用嫁接育苗技术栽培的。目前国内此法正在试验推广阶段。越冬栽培中利用嫁接育苗技术大有前途。秋季育苗，秧苗生长迅速，苗龄50～60天即可。壮苗的标准是8～9片叶，20厘米高，茎粗0.3～0.4厘米。

（四）定植

茄子生长量大，产量高，栽培时间长，所以栽培地应施足大量有机基肥。茄子除需要大量的氮、钾肥外，还需要大量的磷肥。磷肥充足对花芽分化、果实膨大、果实着色有很大作用。结合深翻,每亩施腐熟有机肥 5 000～7 000 千克,另外加入过磷酸钙 50 千克,或三元复合肥 50 千克。翻后,耙平,作成高 13 厘米、畦面宽 50 厘米、畦沟宽 60 厘米的小高畦。

定植时,在高畦上栽 2 行,株距 38 厘米,每亩栽 3 200 株。栽后覆地膜,浇水浸畦。

(五)田间管理

1. 光照调节　冬季光照时间短,光照强度弱,应加强光照管理。在日光能射到棚面情况下,尽量早揭晚盖草苫子。及时清洁塑料薄膜,保持良好的透光率。

在连续阴、雨、雪天气,也要揭开草苫子,使植株见光。切忌 1～2 天不揭苫,造成植株黄化。气温太低时,可晚揭早盖,或边揭边盖,以防冷害、冻害。

2. 温度管理　华北地区进入 10 月后夜间气温逐渐下降,待降至 13℃ 以下时,就应扣严塑料薄膜。白天温度升高后再掀膜通风。随着外界气温下降,通风口应越来越小,夜间加盖草苫子。白天保持 25～30℃,夜间保持 15℃ 以上。

深冬,除了棚膜和草苫子保温外,还可在畦上加小拱棚保温。如夜温降至 5℃ 以下时,应安设火炉等临时加温设施增温,严防冷害、冻害发生。

除了一般的防寒保温措施外,还可喷 0.2% 的磷酸二氢钾或 0.5% 的蔗糖液,或抗冻剂,每 3～5 天喷 1 次,提高植株的抗寒力。

翌春天气转暖,中午棚内气温超过 30℃ 以上时,可通风排湿、降温。随着外界气温升高,应逐渐加大通风量。当外界夜温在 15℃ 以上时,可撤除草苫子,昼夜掀开塑料薄膜大通风。夏季应打开所有通风口降温,并利用顶膜遮阴,降低室内温度。

3. 肥水管理　茄子越冬栽培的肥水管理可分以下 6 个阶段:

（1）开花现蕾期　在 11 月定植后，外界气温不很低，缓苗很快。此期应勤中耕松土，少浇水，只要土壤不干旱就不用浇水，不追肥，防止棚温过高、浇水过多造成徒长，并注意防治蚜虫。

（2）深冬期　12 月中旬至翌年 2 月上旬，此期气温最低，光照最短，棚内应注意保温，尽量改善光照条件。因植株生长缓慢，以及防止降低地温，可不追肥浇水。

（3）早春采收期　2～3 月外界气温逐渐升高，植株生长增速，采收量加大，应追肥 2～3 次。在畦沟中每次每亩施腐熟的豆饼 50～100 千克，或复合肥 15～20 千克。结合追肥浇小水，保持土壤见干见湿，一般 7～10 天浇 1 次水。

（4）采收盛期　3 月底至 5 月，此期外界环境条件适宜，茄子进入盛果期，这时应大量追肥，每 10 天追肥 1 次，每次每亩追施复合肥 20～25 千克。有条件时，结合喷药可根外追施 0.2％～0.3％的磷酸二氢钾或尿素液，或 5％的草木灰浸出液或 0.3％的太得肥等，一般 10 天追肥 1 次。结合追肥，及时浇水，一般 5～7 天浇 1 次水。

（5）采收后期　6～7 月天气炎热，加上市场价格下降，采收量下降。如在 7 月拔秧，可不追肥。如在 10 月下旬下霜后拔秧者，仍应每 10 天追 1 次肥，以氮肥为主，结合浇水冲施。

（6）秋季采收高峰期　8 月至 10 月上中旬，外界气候适宜，茄子又出现第二次采收高峰。8 月上旬应中耕除草，并于畦两侧开沟追施饼肥，每亩施 100 千克，再冲施尿素 2 次，每次每亩 20 千克。结合施肥及时浇水，保持土壤见干见湿，一般 5～7 天浇 1 次水。

4. 施用生长调节剂　在开花期用 50 毫克/千克的番茄灵，防止冬季 15℃以下的低温落果，或防止夏季 35℃以上的高温造成的落花落果，提高坐果率。在苗期或生长期，如出现徒长现象，可用 40%～50% 的矮壮素 1 000 倍液喷雾，促进茎秆粗壮，叶片浓绿，叶片增厚，并促进花芽分化。

5. 二氧化碳施肥　冬季为保持室内温度，通风少，易产生植株二氧化碳饥饿症，为此应进行二氧化碳施肥。

6. 整枝　为适应密植，防止枝杈过多影响通风透光，应行双干整枝法。在对茄下各留一侧枝并行生长，余杈皆去掉。每花序只留 1 果，余果及早疏去。为防倒伏，可用尼龙绳吊架。

（六）采收

坠根茄、对茄应早采收，以免耗费营养过多，影响植株营养生长，及影响后面的坐花、坐果率。

四、南方茄子保护地栽培

茄子的生长期较长，要求的温度较高，而且对光照要求较严格。因此，在南方冬季温室生产中存在设备投资大、成本高、果实着色差、产量不高等问题，这种栽培方式应用很少。目前茄子多利用塑料大棚和小拱棚进行春提前和秋延后不加温栽培，一年两茬，主要以春早熟栽培为主。大棚茄子上市期比露地栽培提早30～40 天，秋季又可延后 40 天以上，亩产比露地栽培提高 50%乃至 1 倍以上，增产增收。目前江南地区大棚茄子发展较慢，主要原因是春季阴雨寡照，果实着色不好，栽培效益不及北方。在长江中下游地区三层覆盖者可在 9 月下旬至 10 月上旬播种，分苗至营养钵中，11 月下旬至 12 月上旬定植，2 月下旬至 3 月上旬开始采收。

在四川盆地，年日照百分率只有 28%～29%，是全国日照时数最少的地区，用塑料大棚覆盖行早熟栽培更难奏效。近年来，成都市新都县、新津县、崇州市、彭州市等地采用提早播种期，育成茄子大苗，用塑料大（中、小）棚加地膜覆盖栽培，把茄子采收期提早到 4 月中旬，比正季栽培早一个多月，正好在春淡期间上市，亩产量 4 000 千克左右，亩产值 5 000～6 000 元，高的亩产值可达 8 000～9 000 元，具有很好的经济效益和社会效益。番茄、辣椒也可借鉴这种栽培方式。

（一）播种育苗

茄子采用塑料大棚冷床育苗，多用早熟品种三叶茄及杂交茄，播种期提早到头年 9 月底 10 月初。其育苗技术参见本书第一章第二节的"塑料大棚冷床育苗"部分。

（二）重施底肥

长龄大苗容易形成僵苗，为促使茄苗早生快发，定植前先要培肥土壤。一般是在定植半月至一个月前，亩施人畜粪尿 100 担，硝酸铵 50～75 千克，过磷酸钙 100～125 千克，氯化钾 20～30 千克。施肥方法是全层撒施，施后深翻土壤，作厢。如施肥不久就定植，则易造成肥害。

（三）双膜覆盖，提前定植

因为四川 3 月有"倒春寒"，成都市一般露地及地膜栽培茄子多在 3 月底 4 月初定植。为了提早成熟，在塑料大棚中也采用了地膜覆盖以提高地温，把定植期提早到了 2 月底至 3 月上旬，每厢栽 2 行，行距 36.6 厘米，株距 33.3 厘米，密度为每亩 3 000 株。如密度过大，则易造成徒长。

（四）前期整枝

茄子密度稍大才能早熟丰产，枝叶过密可以整枝调整。茄子整枝方法是：第一果以下的侧枝应打去，留主干与第一次分枝，上面发生的分枝一般都要掰掉。强健的可再留一枝，每株茄子 2～3 个枝条，集中养料以促早熟，整枝比不整枝的早 2～3 薹花，多结 3～5 个果，前期产量有所增加，结果薹数可达 7～8 薹，每株 20 个果实左右。

（五）生长调节剂点花

在 4 月上旬门茄开花时，旬平均温度为 15.2℃，远未达到茄子开花结果适宜温度，门茄容易落花。为了保花保果，除用

25 毫克/千克的防落素浸花外，再用"九二〇"1 克加水 20 千克再加 0.2 千克托布津配成药液，在点花时浸花，使花柱生长快，不易落果，一般浸 3 次左右。

（六）温湿度管理

成都 3 月上旬至 4 月上旬平均温度为 10.5～15.2℃，日照百分率仅为 26%～29%，在塑料大棚与地膜双层覆盖时，3 月中旬至 4 月上旬，阴天白天可提高气温 1～5℃，晴天可提高气温 4～10℃，由于阴天多，晴天少，且时有寒潮侵袭，热量仍显不足。为了满足茄子喜温耐热的习性，在生产中多采用扣棚保温蓄热的方式，克服僵苗。在定植后即密闭大（中、小）棚至 4 月上旬，每隔 7～8 天才通风换一次气。这样在偶尔出现的晴天的中午，密闭的棚内的气温可上升到 40℃左右，此时如茄子植株不挨着薄膜，在高温高湿环境下，茄子植株不会受害，但如揭开薄膜，茄子植株则会失水萎蔫。密闭棚膜提高了气温，也提高了地温，使茄子不经缓苗而走根成活，充分发挥长龄大苗早发育的特性，在 4 月上中旬即可开花结果，比苗龄较小的植株提早成熟采收。

早熟栽培的茄子也可越夏，蓄留翻花茄子采收到 11 月。也可在 6 月 20 日前，采收了三四蓬果以后，拔除植株栽培水稻，水稻收后再栽一季喜冷凉的蔬菜。这样茄子每亩可收入 5 000～6 000 元，水稻收获 500 多千克，其他蔬菜再收入 1 000 多元，而达到粮菜双丰收。

五、南方茄子秋季露地栽培

茄子的秋季露地栽培在我国广东、广西、福建一般于 7～8 月播种，用营养钵育苗，9 月定植，10 月开花结果，10～11 月开始采收，可采收至元旦前后，气温高时采收时间更长一些。在长江流域一般在 6 月下旬播种，7 月定植，8 月始收，可采收至 10 月。

在四川盆地秋茄子栽培，应根据气候特点，因地制宜采取不同的方法，在夏季不太炎热的成都多采用留翻花茄子的方法；在夏季炎热的重庆地区一般采用重播的方法。现分述如下：

（一）翻花茄子栽培

1. 选择适合翻花的高产品种 可作翻花茄子的品种很多，其中以高架红竹丝、墨茄较好，因为它们的植株高大、通风透光性能较好，抗热力较强，在高温多雨的夏季栽培，有利高产。

2. 培育生长健壮的植株 于清明节前后，当茄秧有6～7片叶时，选择健壮无病虫害的苗子准备定植，定植应选保水保肥的地，栽苗前将土挖细整平，作成1.6米的厢口，按每厢两行55厘米株距挖窝定植，大约在栽后1个月开始摘头蓬果，在二蓬茄子刚挂起时培大厢，每窝下重肥，在三蓬茄子挂起时重施翻花肥。一般都用净尿水，以后可以不再施肥，只看天气情况淋水。

3. 加强栽培管理 翻花茄子正值高温多雨季节，应采用深沟窄厢栽培。栽植时为了便于管理，沟深15厘米即可，以后结合追肥理沟，沟深33厘米左右。为了通风透光，节省养料，翻花茄子要及时整枝打杈，在平窝时必须打去脚叶和下面的杈枝，摘三蓬茄子后可以把干枝、虫枝、桠枝剪去，过密的桠枝和叶子也可适当疏去，茄子生长后期加强病虫害防治工作。如管理好，秋淡季翻花茄亩产可达1 500～2 000千克。

（二）秋茄子栽培

在夏季炎热和伏旱的重庆地区，一般年份茄子越夏以后生长衰败，入秋以后发新芽不多，翻秋花少，产量不高，所以不如重播，以健株越夏，入秋开花结果。秋茄子的播期宜在夏至或夏至以前为好，迟至小暑以后播种，产量大减，立秋就基本上没有收获了。秋茄子的品种宜选用竹丝茄和墨茄，以直播为主，直播时用谷壳等覆盖，以防暴雨打板土壤，播种的行株距为66厘米×40厘米，有条件的也可采用营养钵育苗。秋茄子栽培期中应加强水肥管理，注意防治病虫害，秋茄子8月上旬始花，8月下旬至 9 月下旬为盛收期，一直可采收至 12 月上中旬。

六、夏秋茄子丰产高效益栽培

为解决秋淡季的蔬菜供应，在成都和重庆过去多采用留翻花茄子的方法和采用夏播的方法。但蓄留翻花茄子。其生长盛期不在炎夏季节，在炎夏季节里，植株抗逆性差，其产量较低。采用夏播的方法，秋茄子的播期在夏至或夏至以前，秋茄子 8 月上旬始花，8 月下旬至 9 月中下旬为盛收期，其采收期短，产量不高，经济效益也较差。

湖北省宜昌市近年来栽培夏秋茄子，3 月中旬至 4 月中旬播种，5 月中旬前移栽定植，搭架栽培，产品远销湖北省内各地及湖南等华中地区。每亩产量 5 000～6 000 千克，产值逾万元，扣除成本 1 000 元左右，每亩净收入逾 9 000 元。产品正值蔬菜上市淡季，种植效益显著。

在 20 世纪 90 年代初期，成都市双流县煎茶镇就开始栽培夏秋茄子。夏秋茄采收期长，可从 6 月下旬一直采收到 11 月，7～8 月是采收盛期。近年来，随着栽培品种的不断更新，栽培技术的不断提高，夏秋茄每亩产量可达 3 500～4 000 千克，亩产值可达 5 000 多元。栽培夏秋茄子既能弥补成都地区栽培早春茄子的空缺，为 8、9 月淡季供应蔬菜，而且已成为发展当地经济、致富当地农民的有效之路，现在栽培面积已上千亩，并涌现出了许多高产典型。如双流县煎茶镇平安村三组农户汪开元在 2009 年在 1.57 亩的地上种植夏秋茄，从 6 月 20 日采收到 11 月 8 日，总产量 10 874 千克，产值 9 352.5 元，折合 6 926 千克/亩，产值 5 957 元/亩，平均价格达 0.86 元/千克。现将其夏秋茄的露地栽培要点介绍如下。

（一）品种选择

夏秋茄的生长期要经历夏、秋两季，而这段时间正是温度高、雨水多的季节，也是茄子发病高峰期，因此要选择耐热、抗病、高产、优质的中晚熟品种，采用的品种是高架红竹丝茄。

（二）播种育苗

1. 适时播种　3月12日播种，每亩用种30克左右。

2. 苗床准备　育苗土应选用3年内没有种过茄果类蔬菜的园土，最好从种过豆类、葱蒜类作物的地块取土，以土表层15厘米以内的土最好。肥料可用猪、牛粪加适量草木灰充分发酵腐熟而成。

3. 播种　播种前苗床要浇足底水，然后均匀撒播，再盖上细土。细土层以0.5～1厘米为宜。

4. 苗期管理　为了保证苗床温度，缩短茄子育苗时间、提前定植，播种后盖上小拱棚进行育苗。出苗前需保持温度，不必揭膜透气。出苗后在温度较高的天气，应注意通风透气、浇水，防止茄苗徒长。在4月14日，当茄苗长到2～3片真叶时进行分苗，苗距为10厘米×10厘米，分苗后及时浇水。

（三）定植

1. 田块准备　夏秋茄一般种植在小麦地，5月上中旬小麦收后，整地后施足底肥，每亩施腐熟农家肥4 000～5 000千克、过磷酸钙100千克、硝酸铵50千克、氯化钾20～30千克。

2. 壮苗选择　选择有6～7片叶子，苗龄50～60天，茎高10～15厘米，茎粗0.5厘米，根系发达、须根多的茄苗进行定植。在5月上中旬进行定植，5月15日全部栽完。

3. 行株距　由于夏秋茄种植正值高温多雨季节，且植株高大，应采用宽行稀植栽培。包沟2.1米开厢，栽2行，行距70厘米，空行140厘米，株距60厘米。每亩约1 000多株，这样可以让行间通风透光，充分发挥中晚熟茄子植株高大的优势，夺取单株产量，从而提高总产量。

（四）田间管理

1. 肥水管理　因夏秋茄采收时间长，在整个生长期一般需要施3次肥。幼苗成活后可施1次提苗肥；门茄开始采摘，第二蘖茄子刚挂起时进行第二次追肥；在第三蘖茄子挂起时进行第三次追肥。一般可用净尿水。植株成活至开花前，不需要灌水。开花结果期根据天气情况以及土壤情况灌水，一般要保持 80% 的土壤湿度。果实瞪眼期需水量最大。当雨水过多时，要及时排水防渍。

2. 整枝调整　要及时把门茄以下植株基部萌发的侧枝、小芽抹去，并且要及时摘除老叶、病叶，过密的椏枝和叶子也要适当打去。同时要适时进行疏花疏果。并立支架，防止茄子植株倒伏。

3. 病虫害防治　及时防治绵疫病、褐纹病和蚜虫、红蜘蛛等病虫害。

（五）适时采收

夏秋茄进入市场主要以采收嫩果为主，当"茄眼"宽且明显时，要适时采收。采收频率增加，可以增加产量、提高品质。最好是在清晨露水未干时采收。第一次采收在 6 月 20 日，一直采收到 11 月 8 日。夏秋茄在成都市的秋淡季的 7 月到 9 月期间亩产量占 82.8%，亩产值占 78.7%，既获得了较高的经济收入，又有较好的社会效益，同时又不需要较多的投入。种植夏秋茄是长江流域的一种丰产高效益的粮菜轮作栽培模式。

第五节　茄子病虫害防治

（一）茄子病害

1. 茄绵疫病　土名叫"烂茄"，常与褐纹病同时发生。主要侵害果实、幼苗，有时也侵害菜株的叶、茎、花。受害果实最初产生圆形或不规则形的水浸状病斑，以后病斑逐渐扩大，可以蔓延到整个果实，病部稍凹陷，黄褐或暗褐色。果实内部变黑腐烂，在天气潮湿时，病部长出茂密的白色绵毛。

防治方法：①实行轮作，加强栽培管理。②药剂防治。在发病初期选用 1：1：160～200 倍的波尔多液，或 65％代森锌 500 倍液，或 20％瑞毒霉 600 倍液喷雾，每隔 7～10 天喷药 1 次，连喷 2～4 次。

2. 茄褐纹病　只侵害茄子，发生较普遍。主要侵害果实，造成烂果、落果，对产量损失很大。本病从幼苗到成株都有发生。果实上发病时，初生淡黄色稍凹陷的病斑，很快扩展到全果，病斑上轮生黑色小点。后期病果落到地上或留在植株上成干缩僵果。

防治方法：①选用无病土或消毒过的土壤育苗。②选健株留种或种子消毒，播种前要用温水浸种，并淘洗干净，然后催芽播种。③药剂防治。发病初期可喷 75％百菌清 600 倍液，或 70％代森锰锌 400～500 倍液，或 65％代森锌 500 倍液，隔 6～7 天喷 1 次，连喷 2～3 次。

3. 茄子黄萎病　又称凋萎病，主要侵害茄子成株。一般在门茄坐果以后发病，发病初期在植株中下部个别枝的叶片上表现症状，叶片边缘和叶脉间退绿变黄，多呈斑块，逐渐变为黄褐色。病害逐渐由下往上，从半边向全株发展，最后整株死亡，只剩茎秆。有时植株半边发病，半边正常，所以也叫半边疯。纵剖病根部、茎部，可见维管束变成黄褐色或棕褐色，并可挤出灰白色的黏液。

防治方法：①选用无病种子，采用无病土育苗。②合理轮作、实行茄稻水旱轮作，效果较好。③适时定植，定植时要带土移栽，覆盖地膜可以减轻病害。④药剂防治。定植前每亩用 50％多菌灵可湿性粉剂 1.5 千克加 10 倍细干土，拌匀撒在定植穴内。发病初期用 50％多菌灵可湿性粉剂 500 倍液或 70％滴涕可湿性粉剂 500 倍液灌根，每株用药液 0.3～0.5 千克，隔 10 天 1 次，连灌 2～3 次。

4. 茄子菌核病　在茄子整个生育期均可发病。苗期发病始于茎基，初生淡褐色水渍状病斑，后变为棕褐色，并迅速绕茎一周，潮湿时长出白色棉絮状，软腐，无恶臭。干燥后呈灰白色，质脆易断，后期菌丝结成菌核，苗呈立枯状死亡。成株期发病往往先发生于叶片上，叶缘初呈水浸状，淡绿色，潮湿时长出白霉，进而全叶呈灰褐色枯死。茎部受害往往由叶片经叶柄发展所致，初呈淡褐色水渍状病斑，稍凹陷，扩大后为灰白色，湿度大时病部表面生出白色棉絮状菌丝体，皮层最后腐烂，在茎表面或髓部形成黑色菌核。干燥后髓空，病部表皮易破裂，纤维呈麻状外露，致植株枯死。

病原菌属于真菌，以菌核在田间、棚室土壤里越冬，随气流传到寄主上，从伤口或气孔侵入。在温度 16～20℃、湿度 45%～100% 的环境条件最适宜繁殖。在棚内低温高湿条件下发病较为严重。

防治方法：①塑料棚内栽培茄子覆地膜可阻止子囊盘出土，减少菌源。②药剂处理土壤，每亩用 50% 多菌灵可湿性粉剂 4～5 千克，对干土适量充分混匀撒于畦面，然后耙入土中，可减少初侵染源。③药剂防治。田间始见子囊盘或发现中心病株后，喷洒 50% 混杀硫悬浮剂 500 倍液，或 50% 苯菌灵可湿性粉剂 1 200 倍液，50% 速克灵 1 500 倍液，交替使用。用粉尘剂效果更好。隔 10 天左右喷洒 1 次，连续喷洒 3～4 次。

5. 茄子灰霉病　茄子苗期、成株期均可发生灰霉病。幼苗染病，子叶先端枯死，后扩散到幼茎，幼茎缢缩变细，常自病部折断枯死。成株染病，叶缘处先形成水渍状大斑，后变褐，形成椭圆形或近圆形浅黄色轮纹斑，直径 5～10 毫米，密布灰色霉层，严重的大斑连片，整叶干枯。果实染病，幼果果蒂周围局部先产生水浸状褐色病斑，扩大后呈暗褐色，凹陷腐烂，表面产生不规则轮状灰色霉状物，失去食用价值。

病原称灰葡萄孢，属半知菌亚门真菌。以分生孢子在病残体上，或以菌核在地表及土壤中越冬，成为翌年的初侵染源。棚室或田间靠分生孢子飞散进行传播蔓延，开花后浸染花瓣，再侵入果实引起发病。湿度对此病流行影响较温度大，棚内低温高湿、通风不良时发病重。

防治方法：①保护地采用生态防治，及时通风降湿，使棚室远离发病条件。具体做法为变温管理：即晴天上午晚放风，使棚温迅速升高，当棚温升至 33℃再开始放顶风，因为 31℃以上高温可减缓该菌孢子萌发速度，推迟产孢，降低产孢量；当棚温降至 25℃以上，中午继续放风，使下午棚温保持在 20～25℃；棚温降至 20℃时关闭通风口以减缓夜间棚温下降，夜间棚温保持15～17℃；阴天打开通风口换气。②保护地可施用 10％速克灵烟剂，每亩次 250 克，或 5％百菌清粉尘剂，每亩次 1 千克。③在茄子发病初期可喷 50％速克灵可湿性粉剂 1 500～2 000 倍液。④茄子蘸花时，也可在生长刺激素中加入 0.1％的 50％速克灵可湿性粉剂或 50％多菌灵粉剂。

6. 茄根结线虫病　根结线虫病主要发生在茄子根部，尤以支根受害多。根上形成很多近球形瘤状物，似念珠状相互连接，初表面白色，后变褐色或黑色，地上部表现萎缩或黄化，天气干燥时易萎蔫或枯萎。

病原称爪哇根结线虫，属植物寄生线虫。以成虫或卵在病组织里，或以幼虫在土壤中越冬。病土和病肥是发病主要来源。翌年，越冬的幼虫或越冬卵孵化出幼虫，由根部侵入，引致田间初侵染，后循环往复，不断进行再侵染。茄根结线虫在全国发生较普遍，以沙土和沙壤土居多。受害寄主除茄子外，黄瓜、南瓜、番茄、胡萝卜等也易感染。

该线虫发育适温 25～30℃，幼虫遇 10℃低温即失去生活能力。48～60℃经 5 分钟致死。在土中存活 1 年，2 年即全部死亡。

防治方法：①合理轮作，选用无病土育苗。②根结线虫多分布在 3～9 厘米表土层，深翻可减少为害。③在播种或定植时，穴施 10％粒满库颗粒剂，每亩 5 千克。茄子生长期间发生线虫，应加强田间管理，彻底处理病残株，集中烧毁或深埋。与此同时，合理施肥或灌水以增强寄主抵抗力。

（二）茄子虫害

1. 茄二十八星瓢虫　以成虫和幼虫侵害叶片为主，还为害果实、嫩茎、花瓣、萼片。被害植株不仅产量下降，而且食用部分变苦，失去商品价格，为害严重时把植株叶片吃光，仅剩叶脉，造成植株枯萎死亡。

防治方法：①人工捕杀。可利用成虫越冬群集时机，进行捕杀。另外还须摘除卵块，集中消灭。②药剂防治。要抓住幼虫分散前的有利时机喷药，可喷灭杀毙6 000倍液，或2.5%溴氰菊酯或20%氰戊菊酯3 000倍液，或50%辛硫磷乳剂1 000倍液防治，药剂喷在叶背。成虫要在清晨露水未干时防治。

2. 红蜘蛛　具有食性杂，繁殖强，传播快等特点。红蜘蛛常聚集叶背，用刺吸式口器刺吸汁液，受害叶片开始为白色小斑点，后褪绿变为黄白色，严重时变锈褐色似火烧，造成叶早落，果实干瘪，植株枯死。茄果受害，果皮变粗，影响品质。

防治方法：①农业防治。彻底清除菜田及其附近的杂草，作物收获后清除残枝落叶，减少虫源；秋季深翻菜地，破坏其越冬场所。天气干旱时，加强水肥管理，防止田间湿度过低，可减轻虫害。②药剂防治。在虫口密度大时，1～2天后用杀卵性好的20%双甲脒，此外，可喷25%灭螨猛可湿性粉剂1 000～1 500倍液，6～7天喷1次。药剂可交替使用，重点喷叶背。

3. 茄黄斑螟　在我国长江以南华中、华南和西南地区，茄黄斑螟是茄子的重要害虫。幼虫为害蕾、花并蛀食嫩茎、嫩梢及果实，引起枝梢枯萎、落花、落果及果实腐烂。秋季多蛀害茄果，一个茄子内可有3～5头幼虫；夏季茄果虽受害轻，但花蕾、嫩梢受害重，可造成早期减产。

防治方法：①清洁菜园，及时处理残株败叶，减少虫源。

②药剂防治。在幼虫发生期可用药剂防治，如 20％杀灭菊酯 2 000倍液，20％灭杀毙 3 000 倍液，10％菊马乳油 1500 倍液，25％增效喹硫磷乳油 1 000 倍液等交替使用，每隔 7 天喷 1 次，连续喷 2～3 次。

第四章

辣　椒

第一节　概　述

辣椒（*Capsicum frutescens* L.）又名海椒、番椒、辣角。原产东南美洲热带地区。约在明代末年（17世纪40年代）传入我国，传入后即迅速传播。辣椒果皮和胎座中含有辣椒素，是辣味的来源。辣椒素含量的多少因品种而不同，一般含量17％～27％。每100克鲜椒中含胡萝卜素1.56毫克和维生素C 105毫克，较一般蔬菜含量高。辣椒是我国人民喜爱的蔬菜，除鲜椒是普通的家常菜外，还做成泡辣椒、辣椒油、辣椒粉和辣椒酱食用。我国以西南、西北、中南以及山西、山东、河北、江苏等省栽培面积较大。

20世纪80年代以前，辣椒种植比较粗放，品种单一，品质一般，产量较低，使用的品种主要是经过长期自然选择和人工选择的地方品种。进入90年代，我国蔬菜科研单位大力开展辣椒新品种的选育、栽培技术研究，育成了较有影响的中椒系列、苏椒系列和湘研系列、宁椒系列、卞椒系列品种，为辣椒栽培提供了丰富的优良品种；同时不断推出新的栽培技术，如早春地膜覆盖技术，大棚早熟栽培技术、露地越夏耐热栽培技术、大棚秋延栽培技术等，大大地提高了辣椒的单产和产值，极大地推动了我国辣椒生产的发展。目前我国辣椒种植面积在70万公顷左右，居世界之首。其中广东、广西和海南等南菜北运基地及安徽、山东、河南中部蔬菜基地发展更为迅速，已成为我国辣椒的主要生产基地。

第二节　辣椒的特性

一、植物学性状

辣椒属浅根性植物，根系不如番茄、茄子发达，根比较细弱，吸收根少，木栓化程度也高，因而恢复能力弱。主根上粗下细，在疏松的土壤里一般可入土 40～50 厘米，移栽的辣椒由于主根被切断，生长受到抑制，深度一般为 25～30 厘米。侧根发生早而多，主要分布在 5～20 厘米深处。

辣椒茎直立，基部木质化，较坚韧。茎高 30～150 厘米。辣椒茎的分枝习性、开展度和直立性因品种而异。辣椒的分枝习性为双叉状分枝，也有三叉分枝的。一般情况下，小果类型植株高大，分枝多，开展度大；大果类型植株矮小，分枝少，开展度小。

辣椒单叶、互生、全缘，卵圆形、先端渐尖，叶面光滑、微具光泽。叶色因品种不同而有深浅之别，一般北方栽培的辣椒绿色较浅，南方栽培的较深。叶片大小，色泽与青果的色泽、大小有相关性。一般大果型品种叶片较大，微圆短；小果型品种叶片较小，微长。

辣椒花小，白色或绿白花。辣椒花为两性花，花着生于分枝叉点上，单生或簇生。第一花出现在第七至十五节上，早熟品种出现节位低，晚熟品种出现节位高。第一花的下面各节也能抽生侧枝，侧枝的第二至七节着花。农民称这类侧枝为"鸡毛腿"。在栽培上有些地区，将它及早摘除，以减少营养消耗，有利通风透光。

辣椒果实属浆果。由子房发育而成，为真果。辣椒果实形态、大小因品种类型不同而差异显著。有扁圆、圆球、四方、长角、羊角、线形、圆锥、樱桃等多种形态。单果重小的只有几克，大的可达 400～500 克。辣椒胎座不发达，种子腔很大，形成大的空腔，种室 2～4 个。辣椒自授粉到果实充分膨大达到绿熟期，需 25～30 天，到红熟期需要 45～50 天，甚至 60 天，不同类型及品种之间辣椒素的含量差异很大，一般大果型品种的辣味淡，并具甜味，中果型品种的辣味较浓，小果型品种的辛辣味、香味极浓，主供干制，产量较低。

辣椒种子主要着生在胎座上，成熟种子短肾形，似茄子种子，稍大，扁平微皱，略具光泽，浅黄色，种皮较厚实，发芽不及番茄快，种子千粒重 6～7 克，发芽能力平均年限为 4 年，使用适期年限为 2～3 年。

二、对外界环境条件的要求

辣椒原产南美洲热带地方，喜温暖而不耐寒，耐低温的能力比番茄差。发芽最低温为 15℃，最适温为 25～30℃，植株生长最适温 25℃左右，辣椒在苗期以较高的日温和夜温为宜，初期开花夜温为 15.5～20.0℃，随着植株的长大，能适应较低的日温和夜温，虽在夜温 8～9℃仍能正常开花，但后期低温下结果不及茄子好，至 12 月中旬日平均温度达 8.6℃就不能正常开花结果。辣椒耐高温的能力较番茄强，但高温致生长衰退和落花落果，进入 7～8 月高温期生长停滞，大量落花落果，结果减少。辣椒耐干旱的能力较番茄强，辣椒也要求充足的光照，但日照过强也会得日灼病。

辣椒对土壤的要求不严格，从沙质土到壤土，均能生长，但以肥沃、排水良好的沙质土为适宜。西南各地对于作为调味的干辣椒，多栽在山区的黄壤，也有紫色土，很少灌溉，只要有一定肥力，也有相当高的产量。

第三节　辣椒优良品种

我国辣椒品种主要有两大类型：一是制干用的品种，即干辣椒品种；二是鲜食的品种，即菜辣椒品种。菜辣椒根据辣味成分可分为微辣和辣两类。根据品种熟性可分为早熟、中熟、晚熟3类。

一、早熟品种

（一）微辣类型品种

1. 早杂 2 号　江西省南昌市蔬菜科学研究所配制的杂交品种。植株生长势较强，高 56 厘米，开展度 63 厘米。叶色深绿，果粗牛角形，长 10～12 厘米，横径约 3 厘米，单果重 21～23 克，深绿色，果面光滑，果肉厚 0.2～0.3 厘米。维生素 C 含量 879 毫克/千克（鲜重），全糖含量 2.9%，微辣，较抗炭疽病、病毒病、青枯病。早熟，亩产 2 000～3 000 千克。长江流域 11 月上旬冷床育苗，2 月假植，3 月底至 4 月初定植，亩栽 3 000～3 500 株。适宜江西、湖北及四川等地种植。

2. 皖椒 1 号（河世椒）　安徽省农业科学院配制的杂交品种。株高 80 厘米，开展度 80～86 厘米，茎横径 2.0 厘米，叶片长 2.5 厘米，宽 1.1 厘米，叶色浓绿。果实牛角形，长 14.7 厘米，横径 3.4 厘米，单果重 30 克以上，深绿色，果面微皱，果肉厚 0.3 厘米，微辣略带甜味，品质好。抗病毒病、炭疽病。早熟种。亩产 2 500～3 000 千克。宜作早熟保护地栽培，也可作越夏延后栽培。安徽地区，早春大棚栽培，11 月育苗，3 月中下旬定植，行株距（40～50）厘米×（33～40）厘米，亩栽 3 300 株。亩施有机肥 6 000 千克，饼肥 100～200 千克，过磷酸钙 24～50 千克，尿素 25 千克，硫酸钾 10～20 千克。适宜安徽、陕西、浙江、贵州及河北等地种植。

3. 湘研 11 号　湖南省蔬菜研究所选育的极早熟杂交品种，株高 48 厘米，开展度 56 厘米左右，株型紧凑，分枝多，节密，节间短，始花节位为第十至十一节，极早熟，从定植到采收 41 天左右，前期果实从开花到采收约 17 天，果实粗牛角形，长

12.5厘米，宽3.7厘米，果肉厚0.28厘米，深绿色，平均单果重34.2克左右。果皮较薄，肉细软，微辣，风味佳，品质上等，以鲜食为主，维生素C含量168毫克/千克（鲜重），全糖含量3.66%左右，辣椒素含量为0.1%左右，干物质含量13%，一般每亩产量2 500千克左右。该品种适于极早熟保护地栽培，经济效益高；实行隔年播种，温室育苗，带花定植；参考株行距40厘米×45厘米；施足基肥，每亩施饼肥150千克，磷、钾肥各100千克；定植后至开花前施稀粪水2次，第一批果坐稳后及每次采收后各施肥1次，以稀猪粪加钾肥为好；苗期防猝倒病、灰霉病、立枯病，成株期防蚜虫、烟青虫危害。

4. 湘研12号　湖南省蔬菜研究所选育的早熟杂交品种，株高50厘米，开展度60厘米左右，株型紧凑，分枝多，节密，节间短，始花节位为第十一至十三节。果实粗牛角形，长13厘米，果宽3.8厘米，果肉厚0.32厘米，深绿色，平均单果重35克左右，最大单果重51克。果皮较薄，肉细软，微辣、风味佳、品质上等，以鲜食为主，维生素C含量179毫克/千克（鲜重）左右，全糖含量3.41%左右，辣椒素含量0.07%，干物质含量13.3%，早熟、丰产，保护地、露地皆可。一般1～2月均可播种，每亩用种量30～50克。2～3片真叶时假植1次，10～15片真叶时定植。每亩施基肥3 000千克有机肥，30～33千克磷钾肥。单株定植，株行距45厘米×45厘米。活棵后轻施1～2次追肥，以有机肥加氮肥为好，坐果后重施一次促果肥，每次采摘追施一次肥。应注意及时追肥，防止发生僵苗。

5. 洛椒4号　河南省洛阳市郊区蔬菜技术协会育成。早熟大果型粗牛角椒，10节左右分枝．连续坐果性好，一般前期可坐果10个以上。果长14～18厘米，肩径3.5～4.0厘米，单果重70～80克，品质优，生长势较强，抗性好，丰产，一般亩产3 000～3 500千克。适宜河南省部分地区种植。

6. 采风3号　浙江杭州市农业科学院育成。母本9614-2是从江西农家品种中选育出的自交系，父本 9321 - 10 是从吉林早椒中选育出的自交系。该品种为早熟品种，春季栽培从播种到采收 175～180 天，秋季栽培约 75 天，始花节位为第九至十节，株高 60 厘米左右，开展度 60 厘米，生长势强，分枝多。果实羊角形，纵径 12～18 厘米，横径 1.5 厘米，青熟果深绿色，老熟果红色，嫩果辣味轻，单果重 20～40 克。结果能力强，高抗猝倒病，中抗灰霉病。耐热性强。亩产量可达 3 500 千克，适宜浙江、江西、安徽、云南等地作春季及秋季大棚栽培。

7. 江苏 1 号辣椒　江苏省农业科学院蔬菜研究所育成的一代杂种，2001 年通过全国审定。果实粗牛角形，果面光滑，光泽好，老熟果鲜红色。果长 20 厘米，果肩横径 4.5 厘米，肉厚 0.3～0.4 厘米，平均单果重 90 克左右，味微辣，维生素 C 含量 1 151 毫克/千克（鲜重），品质佳。早熟，耐低温弱光。植株半开展，株高 55 厘米。株幅 50～55 厘米。始花节位为第七节，分枝能力强，挂果多。抗病毒病和炭疽病，每亩产量 5 000 千克左右。适合长江中下游地区、黄淮海地区、东北、华北及西北等区域作早春保护地栽培，也适合西南地区做早春地膜覆盖栽培。

8. 苏椒 5 号　江苏省农业科学院蔬菜研究所育成的一代杂种，果实长灯笼形，长 12 厘米左右，果肩横径 4.5～5.5 厘米，绿色，光泽好，一般单果重 40～50 克，大果 70 克以上。皮薄肉嫩，食之无青涩味，口感好，品质佳。该品种特早熟，耐低温，耐弱光照。株高 40～50 厘米，株型较开展，株幅 50 厘米左右，节间短，分枝强，连续坐果能力强，果实膨大速度快，早期产量显著。抗烟草花叶病毒病，耐疫病，冬春季保护地栽培每亩产量 4 000～5 000 千克。适宜长江流域、黄淮海地区及其他地区作春季保护地栽培，华南、西南诸省亦可作露地地膜覆盖栽培。

9. 镇研 12 辣椒　江苏省镇江市镇研种业有限公司育成。该品种属早熟长灯笼形辣椒。植株生长势强，叶片深绿色。嫩果长灯笼形，淡绿色，果面平滑有光泽，微辣。始花节位为第十至十一节，株高 60 厘米，开展度 55 厘米。果长 13.4 厘米，果肩宽 4.8 厘米，果形指数 2.8，果肉厚 0.29 厘米，单果重 58.3 克。较抗病毒病和炭疽病，抗逆性强。每亩产量 3 500 千克左右，适宜江苏省各地保护地栽培。

10. 新乡辣椒 4 号　河南省新乡市农业科学院选育的早熟辣椒新品种。株高 60 厘米，果实黄绿色，粗牛角形，果纵径 25 厘米左右，横径 5 厘米，始花节位为第九至十一节，从开花至嫩果采收 25 天左右，单果重 75～135 克，每亩产量 4 000～6 000 千克，抗病毒病、青枯病和疫病。具有品质优、耐贮运的特点。特别适合日光温室、塑料大棚栽培。

11. 哈椒 6 号　哈尔滨市农业科学院于 2000 年育成的早熟辣椒一代杂种。特早熟，开花到始收 28 天。前期产量高且集中，连续坐果能力强。株高 40～50 厘米，株幅 65～70 厘米，抗倒伏。果实深绿色，牛角形，尖头比率高，果径 4 厘米，肉厚 0.2～0.3 厘米，平均单果重 50 克，微辣。适应性广，抗病毒病及疫病能力强，适于露地及保护地栽培，每亩产量 6 000 千克左右，保护地产量 6 000～7 500 千克。

12. 浙椒 1 号　浙江省农业科学院蔬菜研究所以从杭州地方品种鸡爪椒中经连续多代选择而获得的优良高代自交系 HP9801 和国外引进的高代自交系 HP9915 配制的一代杂种。该品种早熟，植株生长强健，株高 64 厘米，开展度 60～65 厘米，分枝性强，连续结果性强，果实为短羊角形，青熟果绿色，老熟果红色；果实纵径 12～14 厘米，横径 1.0～1.2 厘米，平均单果重 10 克；果面光滑，果形直，味微辣。较抗病毒病和疫病，高产稳产，平均亩产量 3 500 千克左右，适宜全国大部分地区早春保护地、春露地及秋延后栽培。

13. 丹椒 4 号　辽宁省丹东市农业科学院园艺研究所以丹椒 2 号经多代单株自交筛选出的高代自交系 CP9 为母本，以引进试材牟农椒经多代自交定向选择而成的自交系 CP10 为父本配制而成的一代杂种。该品种植株长势强健，株高60～65厘米，开展度55厘米，始花节位为第八至九节。果实灯笼形，深绿色，果面皱，果基部凹洼，果实纵径11.0厘米，横径10.0厘米，3～4心室，果肉厚0.4厘米，单果重200克左右，味甜略带辣，可食率85％以上，商品性极佳。从播种到采收青果95天左右，属早熟品种。中抗病毒病，露地栽培每亩产量1 500千克左右，设施栽培每亩产量4 500千克左右。适宜春保护地早熟栽培等多种形式。

14. 通研3号　江苏省南通市蔬菜研究所育成的早熟长灯笼形辣椒一代杂种。早熟，始花节位为第九至十一节。植株生长势强，叶深绿色，株高50厘米，开展度50厘米。果实长灯笼形，绿色，果长10.8厘米，果肩宽4.8厘米，果形指数2.3，果肉厚0.23厘米，平均单果重44.5克。平均前期产量为每亩1 702.3千克，总产量为每亩2 900.7千克。味微辣，食用口味佳。区域试验田间病害调查，病毒病病情指数5.9，炭疽病病情指数0.8，抗逆性较强。适宜江苏省各地保护地栽培。

15. 徐研1号　江苏省徐州市蔬菜科学研究所育成的早熟长灯笼形辣椒一代杂种。早熟，始花节位为第九至十节。植株生长势强，叶深绿色，株高69厘米，开展度80厘米。果实长灯笼形，绿色，果长9.6厘米，果肩宽5.0厘米，果形指数2.1，果肉厚0.21厘米，平均单果重45.4克。平均前期产量为每亩1 570.1千克，总产量为每亩2 679.2千克。青椒味微辣。区域试验田间病害调查，病毒病病情指数5.1，炭疽病病情指数1.3，抗逆性较强。适宜江苏省各地保护地栽培。

16. 明椒4号　福建省三明市农业科学研究所选育的早熟辣椒一代杂种。生长势强，分枝性强，株高65厘米左右，开展度60厘米。较早熟，始花节位为第七至九节，定植至始收60天左右。果长12～13厘米，横径5～7厘米，果肉厚0.4厘米，单果重50克左右，果皮纵沟3～4条，青熟果深绿色，老熟果红色，微辣。总糖含量 2.04%，维生素 C 含量 685 毫克/千克（鲜重）。田间调查病毒病发病率 5.5%～8.3%，与早杂 7 号相当，青枯病、灰霉病、晚疫病等病害零星发生。经三明、龙岩、南平等地多年多点试种，每亩产量 3 500～3 800 千克。福建西北地区保护地栽培 11 月下旬至 12 月上中旬播种，露地栽培 12 月下旬至翌年 1 月上中旬播种。双行种植，株距 30～40 厘米，行距 50～60 厘米，每亩定植 3 000～3 500 株。

17. 海丰 25 号　北京市海淀区植物组织培养技术实验室以优良自交系 M‑12‑3 为母本，以花药培养品系 Y‑49‑1 为父本配制而成的微辣型灯笼椒一代杂种。该品种植株生长势旺，早熟，始花节位为第九节左右；果实膨大速度快，连续坐果能力强，上下层果较为整齐，适当整枝能够实现长季节栽培；果实长方灯笼形，果面光滑，略有皱褶，果皮绿色，有光泽，成熟果红色，微辣，果实纵径 15 厘米左右，横径 7～8 厘米，果肉厚 0.5～0.6 厘米，单果重 180 克左右，最大果可达 400 克，维生素 C 含量 927.0 毫克/千克（鲜重），总糖 2.84%。每亩产量 4 500 千克左右，适宜辽宁、河北、山西、北京等地露地及保护地栽培。

18. 湘研 803（湘椒 62 号）　湖南湘研种业有限公司以胞质雄性不育系 Y05‑1A 为母本，以长牛角椒 8815 为父本配制而成的早熟大果优质微辣型辣椒一代杂种。该品种生长势强，株高 67 厘米左右，植株开展度 74 厘米左右，分枝较多，如花节位为第十节。早熟，开花至始收约 20 天。果实粗牛角形，果长约 16 厘米，横径 6.0 厘米左右，果肉厚 0.35 厘米，2～3 心室，青果浅绿色，成熟果红色，果肩平，果顶稍凹，果皮稍皱，果皮薄，味微辣，适宜鲜食。单果重 100～110 克，每亩产量 3 000 千克左右，高抗炭疽病，抗病毒病和疫病，适于长江流域早春大棚和露地、秋延后栽培，也适于南菜北运基地秋冬季露地栽培。

19. 桂椒 5 号　广西壮族自治区农业科学院蔬菜研究中心选

育而成的鲜食辣椒新品种。该品种冬春季从播种到青熟果始收约150天；夏秋季从播种到青熟果始收需60～70天。植株生长势中等，花瓣白色，易坐果，结果中期植株较直立，株高70厘米，开展度100厘米，茎粗1.5厘米，叶色绿。果实为羊角形，平均果长19.5厘米，平均果肩宽2.9厘米，果肉厚0.2～0.3厘米，2心室，平均单果重41.2克。青熟果绿黄色（光照不足为浅绿色），老熟果红色，果皮有光泽，果实微辣。平均每亩产量为2 700多千克。耐热性、耐寒性、耐涝性和耐旱性较强，适应性较广，不论种在水田或旱坡地的红壤土、潮沙土等，都能获得较高的产量。短期排水不畅也不出现烂根等现象。

20. 亨椒1号　北京中农绿亨种子科技有限公司选育的早熟特大牛角椒新品种。果实特大特长牛角形，果皮黄绿色，果面光滑，微辣，商品性好。叶片大，生长势强，特早熟，7～9叶始花，性喜冷凉。果长22～33厘米，果肩宽4.0～6.0厘米，单果重100克左右。红椒色泽鲜艳，耐贮运，耐烟草花叶病毒病，易栽培。适宜早春保护地和冷凉地栽培。

（二）辣味型品种

1. 湘研4号　湖南省蔬菜研究所1987年育成的辣味型早熟一代杂交辣椒品种。株型较紧凑，生长势强，株高46厘米，分枝力强，节间短，节密，始花节位为第九至十一节。果实长牛角形，深绿色，果长12厘米，果宽2.2厘米，果肉厚0.25厘米，平均单果重30克，最大单果重40克，果实辣味中等，光亮无皱，极早熟。耐寒性强，遇低温落花少，早期挂果多，亩产2 000千克以上。较抗病毒病、炭疽病、疮痂病。长沙地区5月上旬开始采收，从定植到采收45天左右，前期果实开花到采收约20天。采用大棚、拱棚、地膜等设施栽培，经济效益更好。栽植密度可参考40厘米×40厘米。针对挂果多的特点要增施基肥，勤于追肥。适宜湖南、贵州、四川、陕西、江西等地种植。

2. 湘研19号　湖南省蔬菜研究所选育的早熟杂交辣椒品

种。株型紧凑，节间密。株高 48 厘米，开展度 58 厘米。在低温条件下不落花落果，能正常挂果生长，商品性、贮运性好，果实长牛角形，皮光无皱，辣味适中，肉质细软，果形直，果实空腔小，果肉厚，适于贮运。果长 16.8 厘米，果宽 3.2 厘米，肉厚 0.29 厘米，单果重 33 克，早熟、丰产，较南菜北运主栽品种保加利亚尖椒早熟 15 天，产量高 30%。要施足基肥，勤于追肥。参考株行距 40 厘米×50 厘米。适于我国海南、广东、广西冬季及滇南、黔南、川南早春露地栽培，也适合其他嗜辣地区做早熟、丰产栽培。

3. 天椒 4 号 甘肃省天水市农业科学研究所以自交系 123 为母本、自交系 49 为父本配制而成的长羊角形辣椒一代杂种。极早熟，始花节位为第七至九节，从定植到青果采收 40 天左右，前期产量高，每亩前期产量 1 500～2 000 千克，总产量 2 800～4 000 千克，果纵径 26～33 厘米、横径 3.0 厘米左右，单果重 30～40 克，耐辣椒疫病，抗炭疽病，高抗黄瓜花叶病毒病和疮痂病。果色翠绿，果基部皱，辣味中等，皮薄肉厚，口感好，连续结果性好，品质优良。适合保护地栽培。

4. 陇椒 3 号 甘肃省农业科学院蔬菜研究所以宁夏羊角椒自交系 95C24 为母本，国外引进品种自交系 96C83 为父本配制的一代杂种。该品种早熟，生长势中等，株高 78 厘米，开展度 67 厘米，单株结果数 28 个，果实羊角形，果长 25.0 厘米，果肩宽 2.7 厘米，肉厚 0.23 厘米，单果重 35～40 克，果绿色，果面皱，味辣，商品性好。播种至始花期 93 天，播种至青果始收期 132 天，维生素 C 含量 1 230 毫克/千克（鲜重），品质优良，中抗疫病，每亩产量 4 000 千克左右，适宜北方保护地栽培。

5. 陇椒 4 号 甘肃省农业科学院蔬菜研究所以优良自交系 99A15 为母本，以优良自交系 99A45 为父本配制而成的早熟辣椒一代杂种。该品种生长势中等，株高 73 厘米，开展度 70 厘米，坐果多，单株结果数 29 个，果实羊角形，果长 22 厘米，果肩宽3.0厘米，果肉厚0.23厘米，单果重45～50克，果淡绿色，有光泽、味辣，果实商品性好。播种至始花期99天，播种至青果始收期136.5天。品质优良，耐低温寡照，抗疫病，丰产性好，每亩产量4 000千克左右。适宜全国保护地和露地栽培。

6. 朝研16号辣椒　辽宁省朝阳市蔬菜研究所选育的辣椒一代杂种。早熟，果实长羊角形，黄绿色，果顺直，果面有光泽，肉厚，味辣，耐贮运。果长23～30厘米，横径3厘米，平均单果重102克，大果可达150克，植株开展度较大，连续坐果率高，上部果实与下部果实差异小。高抗烟草花叶病毒病，耐疫病。适合保护地及露地栽培。

7. 紫色辣椒紫云　安徽省农业科学院园艺研究所选育的辣味型紫色辣椒一代杂种。其母本LA‑15是通过杂交选育的优良自交系，父本9728是从国外紫色甜椒中经多代自交定向选育的优良株系。该品种株高74厘米，开展度64厘米，生长势强。果实长方灯笼形，纵径19.5厘米，横径3.4厘米，肉厚0.25～0.28厘米，果面略有凹陷，光泽好，果皮较薄，果形较直，整齐度好，幼果绿色，商品成熟果为紫色，果实达最大时果色由紫变绿，生物学成熟果转为深红色，平均单果重60～70克，最大果重120克。果实中等辣味，肉质脆，风味口感好，维生素C含量1 543.4毫克/千克（鲜重），可溶性糖含量3.6%。坐果率高，采收期长，每亩产紫色鲜椒2 500～3 000千克。抗炭疽病，耐疫病、病毒病和疮痂病，适于春早熟、秋延后保护地栽培。

8. 黄锋辣椒　湖南亚华种子有限公司以韩国尖椒品种自交系5213‑6为母本，以云阳羊角椒自交系6302为父本配制的一代杂种。该品种早熟，果实小羊角形，果长13～14厘米，肩宽1.8～2.0厘米，肉厚0.25厘米，单果重18～21克，果皮薄而有光泽，果面光滑，果条顺直，空腔小，耐贮运，辣味浓，风味佳，商品性好，一般每亩产量2 500千克以上，对病毒病、疫病、疮痂病的抗性较杭椒1号强，适于湖南、江西作早春保护地栽培。

9. 新尖椒 1 号 四川省川椒种业科技有限责任公司以四川地方品种大金条的优良自交系 9074‑6‑4 为母本，以从黑龙江引进的景尖椒‑8 的优良自交系 A114 为父本配制的一代杂种。植株生长势强，株型半开张，株高 52 厘米，开展度 55 厘米。早熟，始花节位为第八节，定植至采收约 45 天，前期坐果集中，持续坐果能力强。果实羊角形，青熟果深绿色，老熟果鲜红色，果面光滑，味较辣，果纵径 19.0 厘米，果肩横径 2.7 厘米，果肉厚 0.28 厘米，单果重 45 克，一般每亩产鲜椒 3 000～4 000 千克。抗病毒病、疫病，中抗炭疽病。适宜长江流域及西南地区春茬大棚、露地早熟栽培，也可作秋延后栽培。

10. 驻椒 14 河南省驻马店市农业科学研究所以从河南省地方品种 124 牛角椒中选育出的优良自交系驻 03 为母本，以内蒙古多年种植的茄门甜椒经多代自交纯化选育出的优良自交系驻 07 为父本配制而成的一代杂种。该品种早熟，定植至始收 45 天左右，植株生长势中等，株高 60.0 厘米，株幅 54.8 厘米，始花节位为第六至七节。果实深绿色，粗牛角形，果面光滑，3～4 心室，纵径 13.8 厘米，肩横径 5.2 厘米，果肉厚 0.3 厘米，平均单果重 80 克，辣味浓，商品性好。对病毒病、炭疽病和晚疫病的抗性优于对照汴椒 1 号，春地膜覆盖栽培每亩产量 3 100 千克左右，适宜保护地及早春露地栽培。

11. 辣优 8 号 广州市农业科学研究所选育的早春播早熟辣椒一代杂种。早熟，播种至初收 100 天；植株生长势强，连续结果性好，株高 55 厘米，开展度 40 厘米，始花节位为第九节。嫩茎叶带有茸毛，叶深绿色。果实长羊角形，黄绿色，果长 20～23 厘米，果肩宽 3.3 厘米，果面光滑、有光泽，肉厚，单果重 35～50 克。味辣，耐贮运。抗疫病，感青枯病，耐热和耐旱性强，耐寒和耐涝性中等。2002—2003 年参加广东省区域试验，平均每亩产量 1 279.5 千克，比对照粤丰 1 号增产 1.0%。

广东省 10 月至翌年 4 月播种，采用育苗移栽，每亩用种量 50 克；适宜密植，株距 28 厘米，行距 40 厘米，每亩种植 3 500～4 500 株；重施底肥，以有机肥为主，提早追肥，进入采收期后每采收 1 次追 1 次肥；及时防治病虫害，注意预防辣椒青枯病、螨类。

12. 粤椒 90 辣椒　广东省农业科学院蔬菜研究所选育的春、秋播早熟辣椒一代杂种。早熟，播种至初收春植 105 天，秋植 95 天；植株生长势强，果实长羊角形，黄绿色，果面光滑，硬度适中；味辣，口感较好，商品率 99.2％；中抗疫病，感青枯病；田间表现中抗炭疽病，感病毒病，耐热、耐寒、耐旱性较强，耐湿性中等。平均每亩产量 1 200 千克左右。

春植 11 月下旬至翌年 1 月播种，秋植 7 月下旬至 10 月中旬播种，每亩种植 3 500 株左右；注意防治疫病、青枯病、细菌性斑点病、病毒病。

13. 京椒 4 号　北京市农林科学院蔬菜研究中心以山东地方羊角椒品种羊角黄经多代自交提纯选育而成的优良自交系 A38 为母本，以山西地方品种 22 号经多代自交提纯选育而成的优良自交系 W23 为父本配制而成的一代杂种。该品种早熟，始花节位为第八至十节，定植至始收 40 天；生长势强，连续结果性好，株高 73 厘米，开展度 69.5 厘米；果实长羊角形，果长 25.0～28.0 厘米，横径 3.0～3.2 厘米，肉厚 0.3 厘米，果面光滑，商品果绿色，老熟果红色，味辣；单果重 65～75 克，露地栽培每亩产量 2 500 千克左右，保护地栽培每亩产量 3 900 千克左右，适宜全国各地保护地及露地栽培。

14. 福康 3 号辣椒　广东省农业科学院蔬菜研究所选育的春、秋早熟辣椒一代杂种。植株生长势较强，株高 46～50 厘米，开展度 60 厘米；早熟，始花节位为第八至九节，播种至初收秋种 75 天，春种 99 天，延续采收期 40～71 天，全生育期 139～146 天。果实羊角形，浅黄绿色，有棱沟，果面平滑，单果重

32.4～39.3 克，果长 14.8～17.6 厘米，横径 2.5～3.3 厘米，果肉厚 0.3 厘米。味较辣，商品率 94.0%～99.7%。感青枯病和疫病，耐热性、耐寒性、耐旱性和耐涝性中等，田间炭疽病发病程度 2 级，较抗病毒病。比对照粤椒 3 号显著增产。广东地区春种 11 月至翌年 1 月播种，秋种 7～10 月播种。畦宽（包沟）1.1～1.2 米，每亩定植 4 000 株左右。及时摘除第一朵花以下的全部腋芽。注意防治青枯病、疫病和枯萎病。

15. 明椒 3 号 福建省三明市农业科学研究所选育的早熟辣椒一代杂种。生长势强，株高 55～60 厘米，开展度 55 厘米，分枝性强，茎粗 1.6 厘米。早熟，始花节位为第五至七节，定植至始收 50～60 天。果实羊角形，果长 15 厘米左右，横径 1.8 厘米，果肉厚 0.3 厘米，单果重 30 克左右，果面顺直光滑，青熟果深绿色，老熟果红色，辣味中等。总糖含量 1.96%，维生素 C 含量 904 毫克/千克（鲜重）。田间调查病毒病发病率 5.5%～8.3%，与七叶鸡爪椒相当；青枯病、灰霉病、晚疫病等病害零星发生。经三明、龙岩、南平等地多年多点试种，每亩产量 3 500～3 800 千克。福建西北地区保护地栽培 11 月下旬至 12 月上旬播种，露地栽培 12 月下旬至翌年 1 月上中旬播种。双行种植，株距 30～40 厘米，行距 50～60 厘米，每亩定植 3 000～3 500 株。

16. 齐杂尖椒 1 号 黑龙江省齐齐哈尔市园艺研究所以 98-4-48 为母本，以 98-5-33 为父本配制的辣椒一代杂种。该品种生长势强，株高 70 厘米，开展度 55 厘米。果实长牛角形，纵径 25～28 厘米，横径 4.4 厘米，肉厚 0.26 厘米；果面光滑，基部略凹陷。辣味中等，肉质脆，口感好。维生素 C 含量 1 150 毫克/千克（鲜重），可溶性固形物 4.97%。对病毒病、炭疽病抗性均强于对照湘研 1 号。坐果率高，整齐度好，收获期长，每亩产量 4 000 千克左右。适宜黑龙江地区种植。

17. 辛香 2 号 江西农望高科技有限公司等单位以 95012 为

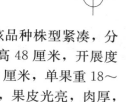

母本、97015 为父本配制的辣椒一代杂种。该品种株型紧凑，分枝能力较强，节间短，叶片小，深绿色，株高 48 厘米，开展度 56 厘米。果实羊角形，果长 16 厘米、粗 2.0 厘米，单果重 18～20 克，青熟果淡绿色，生物学成熟果鲜红色，果皮光亮，肉厚，空腔小，辣味浓而香。特早熟，始花节位为第八至十节，开花至始收 18～20 天。耐寒，耐弱光，低温弱光下坐果率高，果实生长快。高抗炭疽病，抗疫病、病毒病。一般产量每亩 3 300 千克。适宜全国各地早春大棚或露地早熟栽培，也可作秋延后栽培、高山栽培及南菜北运基地反季节栽培。

二、中熟品种

（一）微辣型品种

1. 湘研 13 号　湖南省蔬菜研究所 1995 年选育的丰产型杂交品种。株高 52.5 厘米，开展度 64 厘米左右。植株生长势中等，始花节位在第十三节左右。果实大牛角形，果长 16.4 厘米，果宽 4.5 厘米，果肉厚 0.4 厘米，单果重 58～100 克。果型外观漂亮，果大果直，果表光滑，果肉厚，果实饱满，微辣，风味好。该品种从定植到采收约 48 天，始花至采收约 27 天。挂果性强，坐果率高，采收期长，长江流域春季栽培一般可达 130 天，亩产量 3 500～4 500 千克。该品种适宜于中、小城市郊区作丰产栽培，也可作长江流域秋延后栽培和广东、广西、海南等地南菜北运栽培，施足有机基肥，一般每亩施腐熟有机农家肥 6 000～7 000 千克，磷肥 100 千克，追肥应注意增施钾肥。参考株行距 50 厘米×60 厘米。

2. 中椒 6 号　中国农业科学院蔬菜花卉所培育的微辣型中早熟一代杂种。该品种中早熟，丰产、优质。植株生长势强，株高 45.3 厘米，开展度 59.9 厘米。始花节位为第九至十节，结果率高。果实粗牛角形，果色绿，果面光滑，外形美观，纵径 13 厘米，横径 4.5 厘米，心室数 2～3 个，单果重 55～62 克。品质优良，维生素 C 含量 1 296 毫克/千克（鲜重）。可溶性总糖含量 2.89%。抗病毒病能力强。主要适于露地栽培。亩产量 3 000～5 000 千克。京津地区 12 月下旬或翌年 1 月下旬播种，4 月底或 5 月初定植，亩栽 4 500 穴，畦宽 100 厘米，每畦栽 2 行，穴距 27～30 厘米。适宜北京、河北、山西、内蒙古、广西、云南等地种植。

3. 中椒 106 号　中国农业科学院蔬菜花卉所培育的微辣型中早熟一代杂种。生长势强，定植后 28～35 天即可开始采收。果实粗大，牛角形，平均单果重 55～80 克，大果可达 100 克以上，果面光滑，果实绿色，生理成熟后亮红色。微辣，品质优良，耐贮运。抗逆性强，抗病毒病。每亩产量可达 4 000～5 000 千克。

栽培技术要点：适于全国各地栽培。主要适于露地栽培。华北地区 1 月上中旬至 2 月初播种，4 月底、5 月初定植在露地。每亩种植 4 000～5 000 株。

4. 辣优 3 号　广州市蔬菜研究所选育的中熟、大果、微辣型辣椒杂种一代。株高 62 厘米，开展度 70～76 厘米。果为大牛角形，单果重 40～45 克。果面光滑光亮，皮色绿，肉质脆嫩，微辣，风味佳。对青枯病、疫病、病毒病抗性强。亩产量 3 000～4 000 千克。适于嗜辣地区作中熟栽培，可出口港澳。华南地区适播期为 8 月至翌年 2 月，采用育苗移栽，苗期 30～60 天。可春、秋、冬种植，春植每亩栽 3 500 株，秋冬植可适当密些，秋植后要适当遮阳保苗，以促快速封垄。重施基肥，每亩施 1 500 千克腐熟猪粪或鸡粪、100 千克花生饼等，追肥以进口三元复合肥对水浇施为好，全期每亩 40～50 千克。注意防治病虫害。

5. 江蔬 2 号　江苏省农业科学院蔬菜研究所以 93018 和 92162 两个自交系配制而成的微辣型一代杂种。植株半开展，株高 50～60 厘米，开展度 55～65 厘米，始花节位为第九至十一节，中早熟。叶披针形，绿色。果实粗牛角形，果面较光滑，老熟果鲜红色，光泽好，耐贮运，平均单果重 60 克，果实纵径 16 厘米，横径 4.5 厘米，肉厚 0.27～0.35 厘米，2～3 心室，胎座中等，维生素 C 含量 1 428 毫克/千克（鲜重），味微辣，品质优良，果实商品性好。

黄淮、江淮流域保护地秋延后栽培一般在 7 月下旬至 8 月上中旬播种，8 月底至 9 月初定植，苗龄 1 个月左右；长江中下游早春保护地栽培一般在 10 月播种，翌年 1 月中下旬至 2 月初定植，露地地膜覆盖栽培一般在 12 月播种，翌年 3 月下旬至 4 月上旬定植。

6. 镇椒 6 号 江苏省镇江市蔬菜研究所以自交系 Y9012 为母本、Y9028 为父本配制的一代杂种。该品种中熟，植株生长势强，分枝力强，株高 65 厘米，开展度 50 厘米。第八节位分权现蕾，果实为粗长羊角形，纵径 16.8 厘米，肩横径 2.5 厘米，肉厚 0.2 厘米，平均单果重 36.7 克，果面光滑，青熟果绿色，老熟果红色，味微辣，风味佳，单株坐果约 50 个。田间对病毒病、炭疽病的抗性优于对照云丰椒，耐热性较强，前期产量高，每亩总产量 3 500 千克左右，适于长江中下游及江苏地区早春露地种植，也可用于秋季保护地延后栽培。

7. 世纪星 湖南湘研种业有限公司选育的中熟、大果、丰产、微辣型一代杂种。始花节位为第十至十一节，青熟果绿色，粗牛角形，果表光亮，长 16.9 厘米左右，宽 5.7 厘米左右，单果重 110 克左右，果实粗大，肉厚，坐果集中，抗衰老能力强，后期果商品性好。在城市远郊、江河沿岸土层深厚的沙质壤土地区栽培，便于发挥其果大、肉厚、高产的优点。株距 50 厘米，行距 45 厘米。

8. 农大 082 中国农业大学农学与生物技术学院以雄性不育系 S200243A 为母本、恢复系 S200244C 为父本配制而成的微辣型辣椒一代杂种。中早熟，从定植到始收 30 天左右。株高 50～

60厘米，开展度60厘米左右。始花节位为第九至十节。果实羊角形，果色深绿，果纵径17～20厘米，横径3～4厘米，单果重40～60克。维生素C含量1 240毫克/千克（鲜重）。连续坐果性好，平均每亩产量3 200～4 600千克。抗烟草花叶病毒病，耐黄瓜花叶病毒病。适于保护地和露地早熟栽培。

宜选择肥水条件好的沙壤土栽培，避免重茬和与发生过疫病的土壤接触。华北等地大棚栽培于12月下旬至翌年1月上旬播种，3月中下旬定植。株距30厘米，行距50厘米，单株定植。露地栽培于2月上中旬播种，4月中下旬定植，地膜覆盖栽培。株距30厘米，行距50厘米，每穴2株。

呼和浩特地区早春保护地栽培于1月中下旬播种育苗，4月中下旬定植，苗龄90天左右，露地栽培于2月下旬至3月上旬播种育苗，5月中下旬定植，苗龄80～90天。采用小高畦覆膜栽培，株距30厘米，行距50厘米，每亩栽4 400穴，每穴2株。

9. 鄂椒1号 湖北省农业科学院蔬菜科技中心以安徽一地方品种牛角椒的优良自交系9702为母本，以湘研10号的优良自交系9710为父本配制成的一代杂种。该品种中熟，植株生长势强，株高80厘米，开展度65厘米，始花节位为第九至十一节。果实牛角形，果长11.4厘米，果肩宽3.0厘米，肉厚0.4厘米，平均单果重40克，果形顺直，顶端钝尖，肉质脆，果色绿，微辣。对病毒病、疫病和日灼病的抗性较对照华椒17号强，高温下结果无间歇性，每亩产量4 000千克左右。

10. 通研2号 江苏省南通市蔬菜科学研究所以南通本地羊角型辣椒海门小辣椒经多代自交选育出的稳定自交系97-2为母本，以从北方引进的大果型甜椒太空椒经多代自交选育出的稳定自交系87-2为父本配制而成的一代杂种。该品种中早熟，始花节位为第十一至十二节，生长势较强，株高75厘米，开展度70厘米。果实长灯笼形，表皮光滑，有光泽，青熟果绿色，老熟果

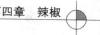

红色，味微辣，果长 12.0 厘米，果肩宽 4.4 厘米，果形指数 2.8，果肉厚 0.3 厘米，平均单果重 43.8 克。每亩产量 3 200 千克左右。抗病毒病，中感炭疽病。适合长江中下游地区保护地早熟栽培及秋延后栽培。

11. 东方神剑辣椒 广州市绿霸种苗有限公司选育的中熟辣椒一代杂种。植株生长势强，株高 41.1～52.5 厘米，开展度 58 厘米，叶片小。播种至始收春季 98 天，秋季 78 天，全生育期 139～150 天。始花节位为第九至十二节，果实羊角形，青果绿色，熟果大红色。果面平滑，无棱沟，有光泽。果长 14.5～17.4 厘米，横径 2.36～2.89 厘米，肉厚 0.28～0.81 厘米，单果重 31.2～44.8 克。微辣，商品率 97.45％～99.60％。感官品质鉴定为优，品质 87～88 分。中抗青枯病，感疫病。田间表现抗病毒病和炭疽病；耐热性和耐旱性强，耐寒性和耐涝性中等。比对照粤椒 3 号和辣优 8 号显著增产。适宜广东省绿皮尖椒产区春、秋季种植。

12. 先锋 35 号辣椒 广州市白云区蔬菜科学研究所选育的春、秋早中熟辣椒一代杂种。植株生长势强，株高 42～48 厘米；早中熟，播种至初收秋种 81 天、春种 98 天，延续采收期 42～69 天，全生育期 140～150 天，始花节位为第十至十三节。果实长羊角形，果面平滑，无棱沟，有光泽，果长 15.0～18.1 厘米，横径 2.4～2.9 厘米，果肉厚 0.3～0.8 厘米。味微辣，商品率 97.3％～99.4％。抗青枯病，感疫病，耐热性、耐寒性、耐涝性和耐旱性强，田间病毒病和炭疽病发病程度均为 1 级。比对照辣优 8 号显著增产。

广东地区春种 1～3 月播种，秋种 7～9 月播种。每亩用种量 40～50 克，株距 30 厘米，行距 45 厘米，秋季可双行、双株种植，每亩定植 2 800～3 500 株。封行后插竹扶枝，摘除第一分杈以下的侧芽。注意防治疫病。

13. 盛丽辣椒 广州市白云区农业科学试验中心选育的中熟

辣椒一代杂种。植株生长势强，株高 51.3～55.7 厘米。播种至始收秋季 84 天，春季 101 天，全生育期 139～150 天，如花节位为第十一至十四节。果实羊角形，无棱沟，果面光滑，有光泽，青果绿色，熟果大红色。果长 14.3～17.8 厘米，横径 2.54～3.15 厘米，果肉厚 0.27～0.83 厘米。单株产量 0.47～0.48 千克，单果重 30.1～53.1 克。味微辣，商品率 96.96%～99.80%。感官品质鉴定为良，品质 80 分。感青枯病和疫病。田间表现抗病毒病和炭疽病；耐热性、耐寒性、耐涝性和耐旱性强。比对照粤椒 3 号和辣优 8 号增产。适宜广东省秋季种植。

14. 姑苏 2 号　苏州市蔬菜研究所育成的早中熟牛角形辣椒一代杂种。始花节位为第十至十二节。植株生长势强，叶深绿色，株高 80 厘米，开展度 76 厘米。嫩果牛角形，深绿色，果面平滑有光泽，微辣，果长 12.1 厘米，果肩宽 3.0 厘米，果形指数 4.0，果肉厚 0.24 厘米，单果重 33.4 克。平均前期产量为每亩 1 768.4 千克，总产量为每亩 2 973.3 千克。区域试验田间病害调查，病毒病病情指数 6.9，炭疽病病情指数 0.8，抗逆性较强。适宜江苏省各地保护地栽培。

15. 翠脆黄 1 号　四川省川椒种业科技有限责任公司育成，该品种母本 A256 是湖北地方品种黄玉牛角椒经多代单株自交选育而成的自交系，父本 C23 是河北地方品种白玉甜椒经多代单株选育而成的优良自交系。翠脆黄 1 号中熟，始花节位为第十节，坐果集中，持续坐果能力强。植株生长势强，株型开张，株高 70 厘米，开展度 70 厘米。果实牛角形，青熟果绿色，老熟果橘黄色，果面光滑，果实纵径 14～16 厘米，横径 5.5 厘米，果肉厚 0.6 厘米，单株坐果 20 个左右，单果重 80～120 克。品质上乘，微辣，口感极佳。每亩产量 3 500 千克左右，高产可达5 000 千克。适宜四川、湖北等地露地及保护地种植。

（二）辣味型品种

1. 湘研 15 号　湖南省蔬菜研究所选育的中熟杂交辣椒品

种。生长势中等，分枝力强。株高 50 厘米，开展度 58 厘米。果实长牛角形，色浅绿，果长 17 厘米，果宽 3.5 厘米，肉厚 0.3 厘米，单果重 35 克。肉质细软，辣而不烈，耐热、耐旱。抗病性突出，为国内少有的适应性极强的品种，采收期早，且能越夏结果，秋后采收，为辣椒中采收期最长的品种，高产，一般亩产量 3 000 千克，高者可达 5 000 千克。

2. 湘研 6 号　湖南省蔬菜研究所 1987 年育成的辣味型晚熟、丰产杂交辣椒品种。1992 年列为农业部"八五"重点推广品种。植株生长势强，株型紧凑，株高 56 厘米，植株开展度 64 厘米，分枝力强，节间短，始花节位为第十三至十六节，果实长粗牛角形，绿色，果长 17 厘米，果宽 3.2 厘米，果肉厚 0.32 厘米，平均单果重 48 克，最大单果重 60 克。肉质细，辣味带甜。维生素 C 含量 1 652 毫克/千克（鲜重）左右，辣椒素含量 0.14%，全糖含量 3.71% 左右，干物质含量 13.9% 左右。长沙地区 6 月中旬始收，从定植到采收 60 天左右，前期果实从开花到采收约 30 天，11 月初结束。耐热，耐湿，是国内少有的能够在炎热、多湿地区越夏结实的大牛角椒品种。对病毒病、疮痂病、炭疽病等抗性均强，亩产量一般 4 000 千克，高者达 5 000 千克以上。南北各地均表现高产、稳产。该品种可供嗜辣地区做主栽品种，城市郊区及广大农村皆可栽培，可供鲜食，亦可加工做盐渍辣椒。需充分供应水肥，注意培土，以防倒伏，参考株行距为 50 厘米×60 厘米。嗜辣地区均可栽培。

3. 苏椒 3 号　江苏省农业科学院蔬菜研究所育成。植株较开展，株高 70～80 厘米。果实为长牛角形，果长 15.3 厘米，横径 2.6 厘米，肉厚 2.2 厘米，单果重 15～24.9 克，果色浅绿，老熟果鲜红色。中熟品种，长势旺，耐高温，适应性强，高产稳产，并有较强的抗风抗涝能力。单株结果多，每亩产量 3 000～4 000 千克，比本地羊角椒品种增产 50%，在 8 月高温期亦有一定的着果能力。维生素 C 含量 1 420 毫克/千克（鲜重）。在江苏省 11 月冷床或大棚套小棚播种育苗，翌年 4 月中旬断霜后地膜定植。株行距为 40 厘米×50 厘米，每亩栽 3 000～3 500 株。

4. 湘运 2 号　湖南省蔬菜研究所针对我国南菜北运等外运型基地定向选育成的耐贮运、丰产、中熟一代杂交品种。株高65 厘米，开展度 50 厘米，始花节位为第十至十二节，生长势旺，茎秆粗壮，挂果集中，挂果多。果实长牛角形，色黄绿，表面光亮，果长 20 厘米，果宽 3 厘米，肉厚 0.32 厘米，单果重45 克，果实空腔小，果形直，可节省箱容、仓容，果皮厚，耐贮运，抗逆性、抗病性强。适于两广作南菜北运栽培和东北等地作丰产栽培。适当密植，行株距参考 46 厘米×46 厘米，每亩栽4 000～5 000 株，忌连作，实行轮作，控制病害。

5. 保加利亚尖椒　引自保加利亚，在东北栽培多年。中熟。植株生长势强，株高 60～70 厘米，开展度 45～50 厘米，叶片中等，绿色，不易落花和落果，坐果率高。始花节位为第十至十一节。果实长羊角形，长 15～21 厘米，果粗 1.5～3.5 厘米。肉厚0.3 厘米，单果重 50 克，青果淡绿色，老熟果为鲜红色，味较辣。亩产 3 500 千克以上。2 月上旬播种育苗，5 月中旬定植，行株距 50 厘米×40 厘米，每穴 2 株。

6. 紫燕 1 号　安徽省农业科学院园艺研究所选育的辣味型紫色辣椒新品种。该品种株高 74 厘米左右，开展度 64 厘米。果实牛角形，纵径 19.5 厘米，横径 3.4 厘米。果面略有凹陷，光泽好，果皮较薄，果形较直，整齐度好，商品果紫黑色，老熟果深红色。中早熟，从定植至采收商品椒约 45 天。平均单果重60～70 克，大果可达 120 克。果实辣味中等，肉质脆，风味口感好。抗炭疽病，耐疫病、病毒病，适于春早熟、秋延后保护地栽培。

7. 新椒 10 号　新疆乌鲁木齐市蔬菜研究所以经多代提纯复壮选出的优良羊角椒自交系 93 - 140 为母本，以经 3 代系统选育而成的优良牛角椒自交系 99 - 141 为父本配制的中熟一代杂种。

该品种植株生长势强，平均株高 61.8 厘米，开展度 43.6 厘米，叶片卵形直立，绿色，主侧枝均有较强的结果能力。始花节位为第九至十二节，果实长羊角形，纵径 36.2 厘米，肩横径 3.7 厘米，肉厚 2.6 厘米，平均单果重 76 克，青果翠绿色，2～3 心室，上部略有皱褶，果尖略有弯勾，单株结果数 28.3 个，皮薄，肉质脆，辣味适中。青熟果维生素 C 含量 952.6 毫克/千克，辣椒素 1.34%，干物质 8.2%。对病毒病和疫病的抗性比对照猪大肠强，耐高温，抗逆性好。平均每亩产量可达 4 000 千克，适于露地越夏及秋延后栽培，也可作温室大棚春季早熟栽培。

8. 兰椒 3 号　甘肃省兰州市农业科学研究所以山西省地方品种自交系 B199423 和兰州地方品种自交系 B199422 杂交而成的一代杂种。中早熟，植株直立性强。大棚内栽培株高 70～80 厘米，开展度 60 厘米，株型紧凑，可密植，生长势强。露地栽培株高 50～60 厘米，开展度 50 厘米，始花节位为第八至九节，定植至始收门椒 30 天。连续坐果能力强，平均单株结果 39 个，单果重 30.2 克左右，果实长羊角形，纵径 30.5 厘米，肩横径 2.1 厘米，嫩果油绿，成熟果老红发亮，果面多皱，辣味浓，维生素 C 含量 880 毫克/千克，品质优。耐辣椒疫病。早春露地栽培总产量每亩 2 500 千克左右，早春大棚栽培每亩 4 700 千克左右。适宜西北地区春大棚、小棚作中早熟栽培及早春露地栽培。

9. 淮椒 98-1　江苏省徐淮地区淮阴农业科学研究所以优良株系 M13-98 和 F4-1 为亲本配制而成的一代杂种。植株半开展，株高 63 厘米，开展度 60 厘米，分枝能力强，始花节位为第九节，中早熟。叶卵形、绿色，果实粗牛角形，果面光滑有光泽，青熟果深绿色，老熟果艳红色。平均单果重 41 克，果长 11.3 厘米，果肩宽 4.5 厘米，果肉厚 0.39 厘米，味辣，口感风味好。对病毒病和疫病的抗性强于对照云丰椒，耐贮运，耐热，耐涝，耐旱且耐低温。一般亩产量 4 000 千克左右，适宜江苏、安徽、山东、江西、河南等省保护地或露地栽培。

10. 临椒 1 号 山西省农业科学院小麦研究所果菜研究中心育成，母本 94-18 是从尖椒 22 号中经提纯复壮、筛选出的优良自交系，父本 94-33 是国外引进品种匈奥 804 经多代自交分离出的优良自交系。该品种株型较开张，生长势强，株高 60 厘米，平均开展度 55 厘米；叶片较大，深绿色，无茸毛；始花节位为第十二至十三节；花大，花冠白色，不早衰。果实羊角形，基部皱折，青熟果深绿色，老熟果鲜红色，辣味浓；果实纵径 23.0 厘米，横径 3.0 厘米，单果重 40～60 克。对疫病、病毒病和炭疽病的抗性强于对照尖椒 22 号。中熟，从定植到收获 60 天，每亩产量 2 860 千克左右，适宜鲜食、制酱。

11. 铁椒 6 号 辽宁省铁岭市农业科学院以雄性不育两用系 99-35 为母本、自交系 99-39 为父本配制的辣椒一代杂种。该品种中早熟，植株生长势较强，茎、叶深绿色。果实长灯笼形，果皮绿色、有光泽，果面较光滑，果长 10 厘米左右，果肩宽 7 厘米左右，果肉厚 0.35 厘米左右，单果重 100～150 克。质脆，商品性好，维生素 C 含量 1 115 毫克/千克（鲜重），可溶性总糖 2.70%。中抗烟草花叶病毒病。地膜覆盖栽培每亩产量 1 900 千克左右，温室栽培每亩产量 3 000 千克左右，适于温室及露地地膜覆盖栽培。

12. 赛椒 1 号 甘肃省种子管理总站等单位育成。该品种是以内蒙古地方品种牛角王经多代自交定向选育而成的自交系 B200326 为母本，以甘肃地方品种长羊角椒经多代自交定向选育而成的自交系 No.28 为父本配制而成的中早熟辣椒一代杂种。植株直立性强，日光温室栽培，株高 85～95 厘米，开展度 58 厘米；大棚栽培，株高 75～85 厘米，开展度 55 厘米；露地栽培，株高 45～55 厘米，开展度 50 厘米。始花节位出现在第八至九节，定植至门椒始收 35 天左右。生长势强，株型紧凑，可密植。叶深绿色，长椭圆形。果实长羊角形，果长 35.5 厘米，果肩宽 2.9 厘米；单果重 76.8 克左右，连续坐果能力强，平均单株结

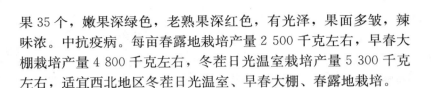

果 35 个，嫩果深绿色，老熟果深红色，有光泽，果面多皱，辣味浓。中抗疫病。每亩春露地栽培产量 2 500 千克左右，早春大棚栽培产量 4 800 千克左右，冬茬日光温室栽培产量 5 300 千克左右，适宜西北地区冬茬日光温室、早春大棚、春露地栽培。

13. 平椒 5 号　甘肃省平凉市农业科学研究所以从东北引进的牛角椒地方品种中的变异单株经多代自交选育而成的辣椒自交系 0136 为母本，以从台湾引进的甜椒杂交种经多代分离选育而成的甜椒自交系 0016 为父本配制而成的中早熟辣椒一代杂种。该品种中早熟，株高 71.1 厘米，开展度 75.6 厘米，茎粗 1.64 厘米，生长势强。叶浅绿色，披针形，始花节位为第十至十一节。青果黄绿色，老熟果鲜红色，粗钝牛角形，果顶钝尖，果基略下凹，果面光滑；果实纵径 13.3 厘米，果肩宽 5.3 厘米，果肉厚 0.35 厘米，口感极脆嫩，辣味适中，果实转红较快，色泽鲜艳，风味纯正，维生素 C 含量 927.7 毫克/千克（鲜重），单果重 92 克，青红果鲜食皆佳。对疫病、炭疽病的抗性强于对照大牛角。一般产量每亩 4 200 千克左右，适于西北地区及四川、河南等省露地、春大棚栽培。

14. 长研 958　湖南省长沙市蔬菜科学研究所以 7163 为母本、8114 为父本配制选育而成的耐贮运辣椒新品种。该品种早中熟，始花节位为第十至十二节，生长势较强，株高 55～62 厘米，开展度 70 厘米，叶片较小，分枝较密，侧枝结果能力强是该品种一个显著特点；果实长牛角形，果长 18～20 厘米，果径 2.8 厘米左右，果肉厚 0.30 厘米，平均单果重约 52 克；青果深绿色，生理成熟果鲜红色；果表光滑，果形顺直；肉厚质脆；空腔小，耐贮运；结果多，连续挂果能力强，辣味适中。耐热、耐旱、耐湿、较耐寒；抗病毒病、疫病，耐炭疽病，适应性广，适合各地中早熟丰产栽培和麦茬越夏栽培。一般每亩产量 3 000～3 500 千克。

15. 都椒 1 号　北京市蔬菜研究中心育成的中早熟辣椒一代

杂种。生长势强。叶片绿色，果实长羊角形，果长 15～20 厘米，商品果绿色，老熟果红色，心室 2～3 个，单果重 30 克，大果重 50 克。品质好，辣味适中。抗烟草花叶病毒病，耐黄瓜花叶病毒病及疫病。坐果率高，亩产 2 500～5 000 千克。适宜保护地及露地早熟栽培。1996 年通过北京市品种审定。

三、晚熟品种

（一）微辣型品种

1. 湘研 10 号　湖南省蔬菜研究所 1988 年育成的耐贮运、晚熟、丰产杂交辣椒品种。植株生长势强，株型较紧凑，株高 58 厘米，植株开展度 65 厘米，分枝力强，节间短。始花节位为第十五至十八节。果实粗牛角形，绿色，果长 16 厘米，果宽 3.6 厘米，果肉厚 0.34 厘米，平均单果重 52 克，最大单果重 80 克。该品种晚熟性好，一般于 7 月盛收，11 月结束，通过晚播，供应期可延长到 11 月下旬。再通过简易贮藏，可延至元旦供应。丰产、稳产，常年亩产量 4 000 千克，尤以后期挂果多、果实大为特点。该品种是针对我国两湖（洞庭、鄱阳）地区及中下游两岸晚熟辣椒外运商品基地对品种的要求定向育成。适宜做晚熟辣椒基地的主栽品种，也适宜与西瓜间作（辣椒在西瓜结束后上市）。长江流域夏季高温干旱，必须沿湖泊、江河地区，选土层深厚的沙质壤土，借助湖泊、江河效应（入秋后气温下降缓慢）以延长采收期。参考株行距为 50 厘米×60 厘米。嗜辣地区晚熟辣椒地均可栽培。

2. 皖椒 4 号　是由安徽省农业科学院园艺研究所、安徽省爱地农业科技有限责任公司选育，熟性早，分枝力强。株高 60 厘米左右，开展度 70 厘米左右。始花节位为第十至十一节。果实耙齿形，青果深绿色，老熟果大红色；果面微皱有明显的棱，果肩凹陷，果长 15 厘米左右，果肩宽 4 厘米，单果重 45～50 克，最大果达 80 克，果肉厚 0.35 厘米。辣味中等，品质、口感及商品性均很好。抗病毒病和炭疽病，不日灼，耐湿耐低温、耐弱光。一般亩产量 3 500～4 000 千克。

适期播种，培育壮苗，适期定植。作极早熟栽培时，于 11～12 月播种，苗龄 70～90 天。大小棚定植为 2 月中旬至 3 月上旬。秋延后栽培时，7 月下旬至 8 月上旬播种，苗龄 30 天，10 月份覆盖大棚。每亩定植 4 000 株。

3. 皖椒 9 号 安徽省农业科学院园艺研究所、安徽省爱地农业科技有限责任公司选育。熟性中早，生长势极强，抗病性极强。株高 70～80 厘米，开展度 60 厘米左右。坐果率高，果实长度 20～25 厘米，果肩宽 2.5～3.5 厘米。属黄皮长粗羊角形，青果为黄绿色，老熟果鲜红色，果肉较厚，辣味浓，适于干鲜两用。单果重 70～80 克，亩产 5 000～5 500 千克。耐贮运，适宜南菜北运基地和全国各地春、夏、秋种植。

培育适龄壮苗，适时定植，每亩定植 4 000 株左右，定植前注意施足基肥，坐果盛期重追促果肥。及时做好病虫害防治。

4. 豫椒 968 河南省农业科学院园艺研究所以自交系 X-L-11-1 为母本、Y-3-8-4 为父本配制成的一代杂种。植株生长势强，株高 80 厘米，开展度 82 厘米，分枝性强，连续坐果能力强，单株坐果 60～100 个，后期果较大。果实粗长羊角形，纵径 16～22 厘米，横径 3.0～3.3 厘米，果肉厚 0.3 厘米，单果重 45～70 克，果面光滑，心腔小。中晚熟，果实红熟后仍然耐贮运，抗病毒病能力强，亩产量 4 000 千克左右。

豫椒 968 适合黄河流域春季、麦套、麦茬、越夏栽培。每亩播种 30～50 克，行距 60～70 厘米，株距 40～50 厘米。每亩双株定植 1 300～1 600 穴，单株定植 2 200～2 400 株。定植前施有机肥 5 000 千克，适量过磷酸钙，及时培土、打杈。麦茬栽培注意小水勤浇，雨后及时排水。

5. 新乡辣椒 2 号 河南省新乡市农业科学院选育的中晚熟辣椒新品种。株高 60 厘米，始花节位为第十至十二节，从开花至嫩果采收 30 天左右，果实绿色，长牛角形，果纵径 20 厘米左右，横径 4 厘米左右，单果重 50～75 克，每亩产量 5 000 千克左右，高抗病毒病、青枯病和疫病，品质优，耐贮运，特别适合越夏露地栽培。

6. 淮椒 3 号　安徽省淮南市农业科学研究所以南方引进的羊角形辣椒经 3 代定向选择而成的优良自交系 95003 为母本，以当地牛角形辣椒经 4 代单株自交育成的稳定自交系 93010 为父本配制而成的中晚熟辣椒一代杂种。该品种定植到采收 60 天左右，开花至始收 30 天左右。植株生长势强，株高 80 厘米，开展度 76 厘米，分枝性强，连续坐果能力强。果实粗羊角形，果长 20 厘米左右，横径 3～4 厘米，果肉厚 2.5 厘米左右，平均单果重 45 克，果皮深绿色，光滑，较薄，肉质鲜软，微辣，品质佳。对病毒病、炭疽病和疮痂病的抗性优于豫椒 6 号和八寸红。每亩产量 4 000 千克左右，适宜春露地、越夏、麦茬、麦套栽培，也可作秋延后栽培。

（二）辣味型品种

1. 湘研 16 号　湖南省蔬菜研究所选育的中晚熟杂交辣椒品种。生长势强，株高 60 厘米，开展度 65 厘米。商品性好，果实粗牛角形，果色绿，表面光滑，果肉厚，肉软质脆，辣味柔和，风味佳，果长 15 厘米，果宽 3.4 厘米，肉厚 0.35 厘米，单果重 45 克。耐热、耐湿力强，耐寒耐旱力一般，是少数能在炎热潮湿地区越夏结实品种之一。从定植至采收约 50 天，前期果实从开花至采收 28 天。结果多，产量高，晚熟性好，6 月上旬始收，11 月初结束，一般亩产量 4 500 千克。对病毒病、炭疽病、疮痂病表现高抗，对疫病表现耐病。该品种可供嗜辣地区做晚熟主栽品种，城市郊区及广大农村皆可栽培，可供鲜食，亦可加工盐渍辣椒。需充分供应水肥，注意培土，以防倒伏。参考株行距为 50 厘米×60 厘米。

2. 湘运 3 号　湖南省蔬菜研究所选育的杂交一代辣椒品种。

株高 55 厘米，开展度 60 厘米，植株生长势中等，分枝多，无论前期或后期，坐果性都好。果实长牛角形，绿色，果形较直，饱满。果长 20 厘米，果宽 3.5 厘米，肉厚 0.28 厘米，单果重 36 克，肉质较脆，辣椒素含量 0.29%，全糖含量 3.1%，干物质含量 14.6%。由于果直、腔小、肉质厚，水含量适中，较耐贮藏运输．抗逆性强，在轮作条件受限制的南菜北运基地，表现出抗病毒病、疫病、疮痂病、耐高温干旱。适于南菜北运基地栽培，注意集中施肥，以农家肥为好，促进集中挂果，参考株行距 50 厘米×53 厘米。

3. 川农泡椒 1 号　四川农业大学林学园艺学院从美国引进的辣椒材料经系统选育而成的加工型新品种。植株生长势中等，株高 70 厘米左右，开展度 70 厘米，始花节位为第十节，分枝处的茎粗为 1.0～1.5 厘米。茎秆绿色带紫，叶片深绿色，花冠白色，花药微紫色。果实钝圆锥形，果顶微凹，幼果绿色，成熟果鲜红色。果实表面具浅褐色的条状或环状轮纹；果实纵径 6.2 厘米、横径 2.8 厘米，果型指数为 2.2；果肉厚 0.48～0.61 厘米，3 心室；果实脐部果肉微甜，辣味主要集中在胎座和果肩部分。果实内种子数为 60～120 粒，种子千粒重 6.95 克。单株结果数 30～40 个，多者可达 50 个以上。平均单果重 18.5 克，每亩产量 1 500 千克左右，适于加工原料基地大面积生产。

4. 天椒 7 号　甘肃省天水市农业科学研究所为适应西北消费市场需求，利用本所育成的天椒 2 号，经航天搭载后多年连续多代选择获得的遗传性稳定的优良品种。该品种属中晚熟辣椒品种，始花节位为第十二至十三节，株高 60～70 厘米，开展度 65 厘米；果实长羊角形，纵径 26～30 厘米，横径 1.8～2.5 厘米，果肉厚 0.33 厘米左右，果实基部褶多，其余部分光滑，商品果深绿色，老熟果鲜红色，果形美观；果腔内种子多，果实辣味极浓；高抗疫病和炭疽病，抗病毒病和疮痂病；单果重 28.5 克左右，每亩产量 3 500～4 000 千克，较当地主栽品种天线 3 号增产 20.3%。适宜西北干旱、半干旱地区及山区种植。

四、干椒品种

1. 湘辣 3 号 湖南省蔬菜研究所 1997 年选育的中晚熟辛辣型杂交组合，丰产性好。植株生长势较强，挂果能力强，单株结果数在 80 个左右，单株产鲜椒 800 克左右，亩平均产干椒 300 千克左右。商品性好，易干制，干制后果形直，少皱，半透明，深红色，籽少，味辣，有辛香气味。适应性强，该品种耐瘠薄、耐湿性、耐热性、耐旱性较强，较抗病毒病、白绢病、疫病等。株高 65 厘米，开展度 88 厘米×75 厘米。果实细羊角形，老熟果深红色，果实纵径 16 厘米，横径 1.3 厘米，肉厚 0.13 厘米，单果重 11 克。适于丘陵地区及干椒主产区栽培，定植株行距 45 厘米×55 厘米，单株定植，定植后注意打侧枝，基肥以有机肥为主。

2. 湘辣 4 号 辛辣型高产组合。中晚熟，生长势旺，挂果多，果实细长羊角形，果皮少皱，果直，红熟果鲜红色，味辣，商品性好，果实长度为湘辣系列之冠。较耐湿、耐高温、抗病，丰产，宜鲜食、加工或干制。

3. 邱北辣椒 云南地方辣椒品种。株高 50～80 厘米，开展度 50～70 厘米，全株有 6～8 个分枝。单株平均结果 40 多个，最多可达 100 个。果顶向下，肉多，色艳，种子多，辣味较浓，耐旱、耐瘠薄。生长期 180 天左右。亩产干椒 100～280 千克。云南地区 3 月育苗，苗龄 40～50 天，5 月定植，单株栽培株行距（30～40）厘米×40 厘米，亩栽 4 500～5 000 株，施足底肥，亩施土杂肥 1 500～3 000 千克，磷肥 50～80 千克，饼肥 40 千克。定植后 15 天进行第一次追肥，每亩施硝酸铵 20～30 千克、硫酸钾 5～10 千克。初花期第二次追肥，亩施尿素 10～15 千克。适应性强，海拔 1 400 米左右的地区均可栽种。

4.8819 陕西省蔬菜研究所和宝鸡市经济作物研究所等于1984年用黑红椒（802－2黑－6－2）作母本，与8121品系（806－1－12）杂交，经多代定向选择育成的早熟、丰产、抗病线辣椒新品种。植株生长健壮，株型较紧凑，株高75厘米，株幅50厘米，二叉状分枝，茎生侧枝较多，一般3～5个，属有限生长类型。苗期叶片厚实，苗株挺拔，成株期叶片宽厚，叶数多，对果实覆盖度好。果实高度集中于株冠的下部，3～7个簇生，线形，果色深红，有光泽，干燥后果面皱皮细密，鲜果果长15.2厘米，果径1.25厘米，单果鲜重7.4克，干椒率19.8%，成品率在85%以上。从出苗到完熟180天左右。对炭疽病、病毒病、枯萎病、白星病、衰老和烂果等有高度抗性。亩产干椒280～350千克。等距点播，当地气温稳定通过8℃，5厘米地温通过12℃时，落水等距点播，冷床育苗，点播穴距6.6～8.3厘米，每穴3～4粒种子，每亩播种量150～200克。适应密植，麦辣套种田行距66.7～70.0厘米，穴距20厘米，每穴2～3株，亩栽12 000～15 000株。及时打杈，当门椒果以下侧枝长度3～4厘米时全部抹掉，后期出现的侧枝也应及时打掉。

5. 二金条 四川省地方品种。植株较高大，半开展，株高80～85厘米，开展度76～100厘米。叶深绿色，长卵形，顶端渐尖。果实细长，长10～12厘米，横径1厘米，肉厚0.6～1.0毫米，味甚辣。嫩果绿色，老熟果深红色，光泽好，产量中等，生长势强，较耐病毒病。是四川省出口干椒品种。四川省部分地区栽培。

6. 川椒子弹头 四川省川椒种业科技有限责任公司以辣椒胞质雄性不育系E16A为母本，恢复系E04C为父本配制而成的早熟辣椒一代杂种。该品种生长势强，株高50厘米，开展度60厘米。早熟，始花节位为第九至十节，从定植至采收青椒约需48天，采收红椒约需62天。果实锥形，纵径5～6厘米，横径2.5～2.7厘米，果肉厚0.2厘米，平均单果重20克，果面光滑，青熟果绿色，老熟果鲜红色。干椒油分重，适合作火锅原料。高温下连续结果能力强，单株结果 50 个以上，最多可结 80 个。果实可鲜食、干制和加工，味香浓、特辣。每亩产鲜红椒 2 800 千克左右，干椒 400～450 千克，适宜黄河流域、长江流域早春露地和保护地栽培。

冬季育苗 11 月上旬播种，翌年 3 月下旬定植；春季育苗 2 月下旬至 3 月上旬播种，4 月下旬定植。每亩用种量 40～50 克。整地，畦宽 1.2 米，株距 40 厘米，行距 50 厘米，地膜覆盖双行单株栽培，每亩定植 3 000～3300 株。

7. 川椒七星 四川省川椒种业科技有限责任公司以辣椒胞质雄性不育系 E4A 为母本，恢复系 E34C 为父本配制而成的早中熟辣椒一代杂种，是一个三系配套的簇生朝天椒新品种。植株生长势强，株高 70 厘米，开展度 50 厘米；早中熟，始花节位为第十四至十五节；果实羊角形，横径 1.0～1.2 厘米，纵径 6～7 厘米，果肉厚 0.2 厘米，平均单果重 4 克，果面光滑，青果绿色，成熟果鲜红色，干椒油分重，适合作火锅原料；单株结果 250 个以上，最多可达 400 个；可鲜食、干制和加工，味浓香特辣。抗病毒病和疫病，高温下连续结果能力强，每亩鲜红椒产量 1 800～2 400 千克，干椒产量 300～400 千克。适宜全国各地早春露地和保护地栽培。

8. 邵阳朝天椒 湖南省邵阳地区地方品种。植株高大，枝叶稀疏，略向上直立，株高 86 厘米，开展度 68 厘米，分枝部位较高，节间长。坐果多而集中，果实长圆锥形，长 9 厘米，横径 1.2 厘米，上有数道横纹，果顶尖而朝天生长，果实簇生，每 4～7 个成一簇，最多可达 11 个，也有果实下垂生长的。果实基部突出，果皮薄，果面光滑，老熟果红色，单果鲜重 6 克，含水量少，种子较多，辣味强烈，品质好。晚熟，耐旱、耐瘠，适应性强。亩产干椒 130～150 千克。是湖南省优良的干椒品种。2～3 月冷床可露地育苗移栽，4 月下旬至 5 月上中旬定植可直播，

8～9 月采收红果并干制。适宜湖南省邵阳地区及湘中丘陵部分地区。

9. 龙椒 8 号 黑龙江省农业科学院园艺分院从黑龙江地方农家品种建成小辣椒中经多代自交纯化选育出的加工型红辣椒品种。该品种早熟，从出苗到红熟 120～130 天。植株生长势较强，株高 60 厘米，开展度 60 厘米左右，叶绿色，连续结果性好，平均单株结果 35 个。果实纵径 10～15 厘米，肩径 2.5～3.0 厘米，果柄突出，果肉较厚，肉质佳，3 心室，嫩果油绿，老熟果老红发亮，果表光滑，辣味浓，平均单果重 17 克。干椒果实商品性好，品质佳。平均亩产量为 2 514 千克。抗炭疽病、疮痂病，耐烟草花叶病毒病、疫病。

每亩用种 200 克，哈尔滨地区 3 月 20 日播种于温室育大苗，4 月 20 日移苗，株行距 5 厘米见方，双株移栽，5 月 20 日定植；或 4 月下旬在小拱棚育苗，6 月上旬定植。

10. 京辣 2 号 北京市农林科学院蔬菜研究中心以辣椒胞质雄性不育系 181A 为母本，恢复系 98199 为父本配制的中早熟辣椒一代杂种。辣味强，生长势较强，果实锥圆羊角形，平均纵径 14.5 厘米，横径 2.1 厘米，鲜椒单果重 20～25 克，干椒单果重 4.2～6.0 克，嫩果绿色，成熟果鲜红色，干椒暗红光亮。持续结果能力极强，单株坐果 60 个以上。高抗烟草花叶病毒病，抗黄瓜花叶病毒病，中抗疫病。是鲜绿椒、红椒、加工干椒的多用品种。每亩红鲜椒产量 3 300 千克左右，干椒可达 400 千克，适于全国各地露地种植。

华北地区露地栽培 1 月下旬至 3 月上旬播种，4 月下旬至 5 月中旬定植，小高畦栽培，株距 35～40 厘米，行距 50～60 厘米，每亩栽 3 000～4 000 株。

11. 航椒 4 号 甘肃省航天育种工程技术研究中心利用太空诱变的种质材料选育的自交系配制而成的鲜干兼用型辣椒一代杂种。该品种早熟，始花节位为第九至十节，从定植至青熟果采收

50 天左右，至红熟果采收 75 天左右。田间长势健壮整齐，株型半直立，株高 121.5 厘米，开展度 65.8 厘米，叶深绿色。单株结果 32 个左右，果实线形。青熟果深绿色，果面皱，纵径 31.5 厘米左右，横径 1.66 厘米，肉厚 0.19 厘米，单果重 28.6 克；畸形果率低，商品性优，质地细嫩，风味优。干椒紫红色，皱纹细密，光泽好，商品性优，辣味强，有芳香味，单果重 4.1 克。高抗疫病，每亩干椒产量 400 千克左右。在鲜椒价格高时采收鲜椒上市，鲜椒价格低时制干，稳产高效，适宜西北、华北地区露地地膜覆盖栽培。

第四节　辣椒栽培季节及管理技术

一、辣椒的栽培季节

辣椒是中国的主要蔬菜，全国各地均有栽培。由于各地的地理纬度不同，所以适宜的栽培季节有很大的差异。

华南地区和云南省的南部，辣椒一年四季都能栽培，但最适生长时期是夏植和秋植。夏、秋两季辣椒避开了高温和寒冷天气，在露地栽培条件下能正常生长，因此产量较高。

在东北、内蒙古、新疆、青海、西藏等蔬菜单主作区，辣椒播种期一般在 2 月下旬至 3 月上旬，定植期 5 月中下旬，收获期为 7～9 月。在一些以干制为栽培目的的地区，可适当晚播，使其顶部果实能够在相近时期红熟。

在华北蔬菜双主作区，露地栽培分春提前和秋延后两个茬口，春提前栽培多在阳畦、塑料大棚中育苗，终霜后定植，夏季供应市场。播种期一般在 1 月，定植期在 4 月下旬至 5 月上旬；秋延后则在 4 月下旬至 5 月上旬露地播种育苗，6 月中旬至 7 月上旬待露地春菜收获后或麦收后定植，8 月上旬至 10 月下旬供应市场。

四川、云南、贵州、湖北、湖南、江西、陕西和重庆等地是中国最大的辣椒产区和辣椒消费区。露地栽培一般在上年的11～12月播种，4月定植，5月下旬至10月中旬采收，收获期长达6个月。7～8月的高温对辣椒的生长发育有一定的影响，但只要栽培管理措施得当，仍能正常开花结果。

近年来，由于保护地栽培的发展，使辣椒的栽培季节与方式均有了很大变化，除传统的露地栽培外，还有温室栽培、塑料大棚栽培、塑料小棚及地膜覆盖栽培。在华北地区采用保温性能较好的日光温室，育苗播种期一般为10月中下旬至11月上旬。华北地区利用塑料大棚栽培时，12月上旬在日光温室或阳畦内育苗，苗龄90～100天，3月中下旬定植在塑料大棚内。采用保温性能良好的日光温室行越冬栽培，育苗播种时间为8月中旬至9月上中旬，一般在10月下旬定植，元旦前开始采收，如管理得当，可以一直采收到翌年晚秋。

在四川盆地近年来采用塑料大棚冷床育苗在10月上旬播种，11月上旬假植一次，2月定植于塑料大棚中，于4月中下旬收获。至6月20日前采收几批果实后拔除，再种植一季水稻。也可一直采收至11月。

我国南方各地为了充分利用晚秋光热资源，延长辣椒的供应期，辣椒开始秋种冬收，在7～8月播种育苗，生长后期搭棚保温，辣椒的采收期可延长到11月中旬至12月。以至第二年春季，取得了较好的经济效益。

二、北方辣椒越冬栽培

辣椒越冬栽培是在中秋季节前播种育苗，10月下旬定植，于元旦和春节前上市，供应整个冬季，以解决寒冬果菜缺乏的大淡季问题的一种栽培方式。这对于辣椒周年生产、四季均衡供应有巨大的社会意义，同时也有显著的经济效益。近年来，随着日光温室等保护地栽培生产的迅速发展，辣椒越冬栽培面积也有较大的增长。

（一）栽培设施及时间

辣椒为喜温性蔬菜，越冬栽培又值气温最低的寒冬，所以需要保温性能良好的日光温室。

越冬栽培育苗的播种时间，华北地区为 8 月中旬至 9 月上中旬。播种过早，外界气温过高，易生病毒病。而且播期再提前，其结果盛期与秋延迟栽培相重叠，而在春节价格最高的时期反而进入结果衰弱期，这会严重影响经济效益。播期过晚，难以在严冬前光照、温度都好的秋季长成丰产的骨架，致使盛果期落在春节之后，这也会影响经济效益。

越冬栽培一般在 10 月下旬定植，最迟不过 11 月上旬。元旦前开始采收，如管理得当，可以一直采收到翌年晚秋。一般是 6～7 月拉秧结束。

（二）品种选择

辣椒越冬栽培中，苗期温度、光照条件适宜，结果期正值低温、弱光的冬季，而翌年又在高温、多雨的春、夏季，所以要求品种具有耐低温、抗热、适应性强、丰产的特性。目前国内尚未育出这样的专用品种来，群众也没有成熟的经验。所以，没有统一的主栽品种供使用。各地栽培利用较多的有：牛角黄（寿光市地方品种）、湘研 1 号、湘研 10 号、早丰 1 号、洛椒 3 号、大牛角椒、苏椒 5 号等。

（三）育苗

1. 苗床建立　建立育苗床一定选 3 年内未种植茄果类蔬菜的地块。如用老苗床，应换用无病的大田土，防止秧苗发生土传病害。建床时，每亩施腐熟的有机肥 3 000 千克，浅翻，作成 1.2～1.5 米宽的平畦。

2. 播种　播种前，应进行种子消毒处理，方法同秋延迟栽培。消毒后，即浸种催芽。催芽温度为 25～30℃，待大部分种子出芽露白后，即可播种。

播前苗床灌大水，待水渗下后，撒种。定植 1 亩需种子 50

克左右，需苗床面积 4～5 米²。撒种后立即覆土厚 1 厘米。

3. 苗床管理　为防蚜虫传播病害，苗床上架设小拱，上覆塑料薄膜，周围安设纱网。

出苗前苗床维持 28～30℃，高于 30℃ 则遮阴降温，低于 16℃ 可加盖草苫子保温。出苗后白天维持 25～27℃，夜间保持 16～20℃。分苗前 5～7 天，降温锻炼秧苗，提高秧苗的适应能力，白天维持 20～25℃，夜间 15～18℃。小苗期一般不用浇水，如土壤干旱，可在上午喷灌。幼苗出齐至 2 片真叶时，可结合除草进行间苗，拔除细、弱、密、并生的苗，保持苗距 2～3 厘米。

待幼苗 3～4 片真叶时，应及时分苗。分苗床应建在日光温室内，以利保持温度和运苗方便。分苗畦的要求与育小苗床相同。分苗的密度为 10 厘米×10 厘米一穴，每穴放 1 苗或 2 苗。放双苗时，两苗的间距为 2 厘米。分苗后立即浇水、覆土，并扣严塑料薄膜保温。

分苗初，苗床内保持较高的温度，白天维持 25～30℃，夜间 20～23℃，以利迅速缓苗。3 天后，适当降低温度，白天维持 25～29℃，夜间 15～18℃。定植前 5～7 天降温以锻炼秧苗，白天 20～25℃，夜间 14～16℃。在分苗床内的时间为 10 月，此期外界温度略低于上述要求的温度，而苗床内的温度略高于上述要求温度，通过适当通风和扣塑料薄膜可以完全满足辣椒幼苗所需的温度条件。

定植前 7～10 天，苗床浇透水。待水渗下后，用长刀在秧苗的株、行中间切块，入土深 10 厘米，使秧苗在土块中间。切块后不再浇水，如土壤过干，可覆细土。使土块变硬，以利定植时带土坨起苗。

定植前，苗床喷药，防治病虫害，防止病虫害传入大田。

定植前适宜的秧苗形态是：苗龄 45～50 天，8～10 片真叶。花蕾初现。

（四）定植

1. 整地与施肥　辣椒越冬栽培时间很长，必须施足基肥。一般每亩施腐熟的有机肥 5 000～7 000 千克、过磷酸钙 70～100 千克。

施肥后，深翻、耙平，作成高 10～15 厘米，宽 40～50 厘米的小高畦。

2. 定植密度　若用单株栽培，用双行法定植：小行距 30～40 厘米，大行距 50～60 厘米，株距 20 厘米，每亩栽 7 000～8 000 株；如用双株栽培，行距不变，株距改为 30～35 厘米，每亩栽 10 000 株左右。

3. 定植方法　定植起苗时，尽量带土坨，少伤根系。定植时应浅栽，不可埋过根茎，以免影响根系发育。定植后即浇水、覆土、覆盖地膜。

（五）田间管理

1. 温度管理　定植后立即扣严塑料薄膜，在缓苗期白天保持 25～30℃，夜间保持 18～20℃。进入 12 月至翌年 1 月，随着光照时间缩短，光照强度变弱，温度可适当下降。由于辣椒要求的温度条件比黄瓜、番茄高，对低温的反应敏感，温度低于 13℃就易形成僵果。所以，在寒冬应利用一切措施保持温室的温度条件。

辣椒要求的适宜地温是 23～28℃，低于 18℃产量即受影响，低于 13℃则产量大幅度下降。所以，在越冬栽培中除了及时揭盖草苫子保持适宜的气温外，还要覆盖地膜提高地温。早春适当整枝，改善通透条件，保持部分日光直射地面，提高地温。

2. 肥水管理　辣椒根系较浅，吸收力较弱，在肥水管理上应特别仔细。定植后浇足缓苗水，然后细致中耕，提高地温。缓苗后时值初冬，外界气温较低，保护设施内蒸发量不大，应尽量少浇水。如土壤干旱，可浇小水。宜于晴天上午在地膜下开沟浇暗水。浇水后扣严塑料薄膜，提高地温。下午通风，排出湿气，降低室内空气湿度。一般条件下，12 月至翌年 1 月不必浇水。特别是在第一果坐住前，尽量不浇水，以免植株徒长，造成落花落果。

待到翌春 2 月，外界渐暖，室内温度渐高时，应逐渐加大浇水量，每 7～10 天浇 1 次水，保持地面见干见湿。3～4 月以后，进入结果盛期，应再加大浇水量和次数，每 5～10 天浇 1 次水，保持土壤湿润。以后的管理与春早熟栽培相同。

辣椒生长期应进行追肥。追肥与浇水需结合在一起。在第一果坐住前不追肥。第一果坐住后，结合浇水追复合肥，每亩施 10～15 千克。12 月至翌年 1 月寒冷时期，不浇水也不必追肥。翌春 2 月以后结合浇水，每 10～15 天追 1 次肥，每次每亩追复合肥 10～15 千克。

寒冬不浇水、不能追肥时，可进行根外追肥。根外追肥每 5～7 天 1 次，每次用 0.2％～0.3％的磷酸二氢钾，或 0.1％的丰产素，或 0.4％的尿素等液喷洒叶面。

3. 植株调整　辣椒一般不用支架。但是越冬栽培时间长，植株高大，适当利用支架有利于调节生长，改善通风透光条件。常用的支架是在每行上方沿行向拉 2～3 道细铁丝。把辣椒的主侧枝均匀地摆布在空间并用塑料线固定在铁丝上。在固定主侧枝时，除了注意均匀，通风透光外，还应调节各枝之间的生长势。生长旺的枝压低些，抑制其生长；生长弱的枝抬高些，促进其生长。

在第一分枝下各叶的叶腋间发生的腋芽应及早抹去。植株下部的病、老、黄叶可及时分批摘除。生长中后期，把重叠枝、拥挤枝、徒长枝剪除一部分，使枝条间疏密得当。如植株密度过大时，在四母斗椒上面发出的二杈枝中，可留一杈去一杈，控制其生长。

4. 保花保果　在低温时期，辣椒落花落果严重，应用药剂进行保花保果。开花期可用 25～30 毫克/千克的番茄灵液喷花或涂抹花梗。喷花可在上午 8～11 时进行，避免在中午高温时发生药害。

（六）采收

在越冬栽培中，市场价格最高的时间是春节前。为此，应尽量在春节前加大采收量。但是辣椒采收过晚，果实由青变红，不仅产量不增加，而且影响植株的生长发育，抑制以后的花果生长。所以，还是应适时采收，利用贮藏保鲜的办法来调节上市期。

三、南方辣椒春季栽培

辣椒的栽培技术基本上与番茄和茄子相似，南方各地都是先育苗而后定植。过去辣椒上市较晚，产量较低，其主要原因是：播种较晚，秧苗不壮，栽植较稀，施肥不够合理，病虫害防治不及时。近年来辣椒在品种、栽培技术上有所改进，采收期提前，产量也有所上升。现将其主要栽培技术分述如下：

（一）培育早熟壮苗

辣椒植株生长发育最适宜的温度是 25℃，在夏季 7～8 月的高温伏旱，大大影响辣椒的开花结果，因此辣椒最好在 3 月中旬前后定植，这时平均气温约 15℃，能栽植成活，不会受冻害；4 月上中旬开始坐果，5 月上旬开始收青椒，6 月上旬开始收红椒，前后结果盛期持续 2 个多月，为高产打下基础。再加强后期管理，多收秋椒，夺取丰收。要在 3 月中旬前后定植，就必须采用温床育苗或塑料大棚冷床育苗。

辣椒发芽最低温度 15℃，较番茄要求稍高，采用塑料大棚冷床育苗，成都市以 10 月播种为宜，重庆市可在 10 月底至 11 月初。撒播每亩播种量 8～9 千克，假植 1～2 次，采用营养钵或营养土块。也可采用电热温床或酿热温床育苗，播期在 11 月中下旬至 12 月为好。播前将种子放入冷水中预浸 6 小时再进行种子消毒处理。方法为 55℃ 温水浸种 15 分钟后，取出种子置于

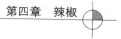

25～30℃条件下进行催芽，也可将预浸后的种子用1％硫酸铜溶液浸种5分钟后，将种子充分冲洗后再进行催芽。

当种子破嘴露白时，将种子均匀地撒播在平整的富含有机质的培养土上，用消过毒的细土覆盖种子1厘米左右。播种后注意保温保湿，以利出苗整齐。幼苗子叶展开后，应注意塑料大棚的通风、降温和排湿，白天保持25℃左右，夜间维持15℃左右为宜。整个苗期要注意防治猝倒病、疫病、灰霉病和立枯病。

（二）覆膜与定植

种辣椒的田块应实行轮作，选择3年未种过茄科作物的土地，深耕炕土，精细整地，施足底肥底水。施肥水平为每亩施腐熟人畜粪尿1 200千克，过磷酸钙40～50千克，复合肥15～20千克，干渣肥1 200千克，或腐熟人粪尿400千克，尿素25千克，过磷酸钙40～50千克，氯化钾10千克。定植前开厢，平整厢面，厢面宽1米，高15～20厘米，沟宽33厘米，用1.33米宽幅地膜盖严厢面，四周用细土压严，以减少水分和热量损失。

定植时间以惊蛰至春分为宜，山地定植应为3月中旬至4月上旬。待气温稳定在12℃以上，选晴天定植。定植后用细土盖严膜孔。一般亩植3 000～4 000窝，每窝2株，并留足预备苗，作补窝用，使之达到苗齐苗壮。

（三）水肥管理

地膜栽培时施足了底肥底水，从定植至开花挂果一般可以不进行追肥，如天气过于干旱，可适当追施清粪水，待采收1～2次以后，为补充肥水亏缺，则应进行追肥，每次以50％浓度的优质人畜粪尿进行追肥，亩施用量1 500千克。在盛果期用0.2％的磷酸二氢钾或尿素进行根外追肥，每7～10天1次，共进行2～3次。在整个生长期中，应经常保持土壤呈湿润状态，但雨季应注意排水，以免沤根，在伏旱期应灌溉，以免早衰。

（四）采收及留种

辣椒作为鲜菜食用的，大都采收青果，有时也可以采收红果。而作为干辣椒调味用的，则必须采收红熟的果实。辣椒在成熟过程中，全糖、还原糖、醚浸出物及维生素 C 的含量都增加，而水分则减少。色素的变化是叶绿素迅速减少，而茄红素迅速增加。辣椒是一种多次采收的果菜，作为青椒采收时，大约在花谢后 15～20 天可以采收，四川可在 5 月上中旬收青椒，6～7 月为采收盛期。一般亩产 1 500 千克左右。

采种应选择具品种特征、无病虫害的植株和果实留种。早期所结的果实较小，种子较少，可采收供食，第二至三层的果实较充实，种子量较多，可供留种用。秋辣椒发育不够充实，种子不够饱满，不宜作留种用。杂交一代品种也不能作留种用。

留种的辣椒在果实红熟以后，采下后熟、阴干。避免在烈日下暴晒，然后取出种子洗净，晒干后贮藏起来。

四、南方辣椒地膜加小拱棚覆盖栽培

辣椒属喜温蔬菜，在露地或地膜覆盖栽培时，我国长江流域及西南地区一般在 3 月中旬定植，5 月中下旬采收。用小拱棚加地膜覆盖栽培辣椒，可在 3 月上旬定植，4 月下旬采收，如在土温易上升的河边沙地，成熟更早。成熟期比露地辣椒提早 20～30 天。经济效益大大提高，其主要栽培技术如下：

（一）培育早熟壮苗

地膜加小拱棚栽培辣椒可在 3 月上旬定植，这时平均气温高于 12℃，能栽植成活，不会受冻害，4 月上中旬开始坐果，4 月下旬开始收青椒。要在 3 月上中旬定植，就必须采用温床育苗或塑料大棚冷床育苗。

育苗时期及方法见辣椒的春季栽培技术。适当早播苗大而壮，冬季不易冻死苗。早播则节密，花多，早开花，早结果，早采收。实践证明，早播种、长苗龄、营养钵移苗是夺取辣椒早熟的关键技术措施。即使存在早播早衰影响总产的弊病，也被早播早熟带来的高收益所掩盖，可谓利多弊少。

（二）定植及管理

覆盖地膜有增温、保肥，防止土壤板结等作用，对辣椒的早熟增产效果十分显著，一般可以比露地栽培的早熟 6～8 天，增产 30%～50%。而采用地膜加小棚覆盖栽培，比单纯盖地膜的又可早采收 7～10 天，前期产量提高近一倍，覆盖地膜之前要施足基肥，整平土地，膜要盖得平，拉得紧，埋得牢，单盖地膜的一般于 3 月中下旬定植，加盖小棚的 3 月上中旬定植。小棚管理要注意通风，棚内温度不超过 30℃，随着气温的升高，4 月下旬以后拆去小棚，而地膜覆盖则盖到底，中途不揭膜。如果辣椒封行前出现高温，应膜上盖一些土或草，以降温护根，高温干旱天气要沟灌水。

地膜加小拱棚覆盖栽培的辣椒，遇连续阴雨天可能出现徒长落花现象，除注意小棚通风外，应及时喷 1∶1∶250 的波尔多液，用 40 毫克/千克浓度的防落素点花，摘除基部过多的小侧枝，施行"外科手术"。用锄铲断部分根，以防病害，抑制徒长，促进结果。

五、南方辣椒塑料大棚早熟栽培

辣椒原产热带地区，性喜温暖，不耐霜冻，但也不耐高温，在高温高湿的大棚内，容易落花落果，低温高湿也影响授粉受精，大棚栽培辣椒，对于温湿度的调节，要严格掌握，才能获得早熟丰产。

辣椒喜土壤湿润和较干燥的空气，不耐旱又怕涝。根系多分布于 20～30 厘米的浅层表土，在大棚栽培植株比露地栽培时要高大，所以要防倒伏。

大棚栽培辣椒，要求品种抗寒耐热、抗病、早熟、丰产、植株长势中等、适于密植。目前长江流域选用的主要品种有早丰 1 号、湘研系列辣椒、赣椒 1 号、华椒 8 号、洪杂 1 号、苏椒 6 号等。

其主要栽培技术如下:

(一)精细整地,施足基肥

土地要求选用能灌能排的冬闲田,并且2～3年没有种植过茄果类蔬菜的田块,冬翻2～3次,每亩施优质肥料5 000千克,过磷酸钙20～30千克,全部肥料的2/3做底肥,1/3做面肥。达到"基肥足,面肥速,养分全"。作成1～1.2米宽、12～15米长的厢面。要求厢平、土碎、无土块。

(二)早扣棚,早定植

提前扣棚能积蓄热量,提高地温,四川青椒早熟保护地栽培,以2月中下旬扣棚为宜,当10厘米地温稳定通过10℃时,约在3月上旬,选冷尾暖头的晴朗天气定植,定植前1天对幼苗浇足水,喷0.3%的磷酸二氢钾作送嫁肥。并喷施农药防病虫害,每亩密度3 500株左右。

(三)定植后的管理

1. 大棚辣椒温、光管理指标 测定结果表明,早丰1号辣椒幼苗期的最适温度为20～25℃,10℃以下光合作用停止,30℃以上则受抑制。幼苗期的光补偿点为1 750勒克斯,光饱和点为32 500勒克斯,在上述范围内。净光合率随光强增强而升高。

在开花结果期,最适温度为25～30℃,最适光强为35 000～50 000勒克斯;当温度为28℃、光强为37 500勒克斯时,光合强度达最大值;当温度超过35℃、光强超过60 000勒克斯时,光合强度则明显下降。结果后期的最适温度为30～35℃,最适光强在40 000～55 000勒克斯;当温度为35℃、光强为50 000勒克斯时,光合强度达最大值;光强和温度超过上述范围,光合强度就下降。

2. 春季的温、光调控技术和措施 为实现辣椒温、光管理规范化,早春围绕保温、早熟、增产,宜采用以下调控技术和措施。

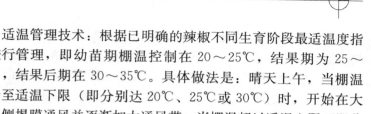

适温管理技术：根据已明确的辣椒不同生育阶段最适温度指标进行管理，即幼苗期棚温控制在 20～25℃，结果期为 25～30℃，结果后期在 30～35℃。具体做法是：晴天上午，当棚温上升至适温下限（即分别达 20℃、25℃或 30℃）时，开始在大棚一侧揭膜通风并逐渐加大通风带；当棚温超过适温上限（即分别达 25℃、30℃或 35℃）时，则大棚另一侧也应揭膜通风。下午，当棚温降至适温上限时，先在大棚一侧放下棚膜保温，当棚温继续下降至适温下限时，将另一侧棚膜放下，使棚温有尽可能长的时间维持在各生育阶段的适温范围内。多云或阴天时，宜在中午前后适当通风，不使棚温过低。

3. 夏季的调控技术和措施　夏季以遮阳降温，延长供应为目的，可采用以下调控措施：

（1）留棚顶薄膜　在大棚辣椒栽培中，为延长棚膜的使用寿命，一般在 5 月中下旬揭除棚膜，因此在高温多雨的夏季，蔬菜的生长发育就会受到抑制。为减少暴雨、强光或高温对蔬菜生产的不良影响，可采用去除围裙而保留顶膜的方法促进蔬菜的生长。经测定，采用这一措施可减弱光强 25%～35%，当露地光强在 90 000 勒克斯时，棚内光强可降低至 65 000 勒克斯，还可降低叶温 1.98℃，提高空气湿度 8%，叶绿素 a 和叶绿素 b 及可溶性蛋白分别增加 19.5%、6.8% 和 13.8%，净光合率平均提高 29.7%。因此，如采用耐老化膜或多功能膜覆盖时，可采用上述措施，以达到遮阳降温，有利棚内辣椒生长的目的。若用普通棚膜覆盖，则不宜采用该方法，因为强光和高温会加速普通膜的老化进程，缩短使用寿命，使成本增加。

（2）用遮阳网覆盖　即在生长中后期将大棚顶膜揭除，换用遮阳网覆盖，具有明显的遮阳降温作用。相同规格的遮阳网其遮阳效果以黑色网最好，银灰网次之，白色网较差，分别为 65%、48%、39%。遮阳网的降温作用以降高温的效果最为显著，露地气温越高其降高温的作用越大，晴天中午前后可使气温下降 5～

7℃，早晨和傍晚只降低 3～4℃，对最低气温的影响较小，一般只降低 1～2℃。覆盖遮阳网后的上述效果，可防止辣椒果实"日灼"现象的发生，并能改善辣椒果实的品质和提高辣椒后期的产量，覆盖始期的时间以高温到来前的 6 月中下旬或 7 月初为宜。

至于光照的管理，在当前大棚栽培还不具备采用补光措施的情况下，为避免棚内光强过低而影响光合作用，首先要推广应用新的多功能膜，利用该膜有较好散光性的特点改善棚内光照条件；其次是进行多层覆盖时，在维持适温的情况下，上午应尽早揭除小棚膜，下午要适当晚盖小棚膜，使蔬菜有较多时间生长在适宜光强范围内。

4. 配方施肥　无机营养三要素对辣椒的生长发育有重要影响。氮素对辣椒的生长、花芽分化、产量形成影响最大，与产量的关系最为密切。磷主要影响根系的生长、花芽分化的早晚、花芽的质量，钾可称为辣椒的"果肥"，对果实膨大有直接影响。研究表明，亩产 1 250～4 800 千克不同生产水平的早辣椒，需吸收氮 10.1～23.7 千克，五氧化二磷 0.9～2.4 千克，氧化钾 11.3～31.6 千克，氮∶磷∶钾比例为 （9.9～11.2）∶1∶（11.3～13.2）。

对辣椒配方施肥的试验证明，氮多磷少钾中的施肥方案比氮磷钾等比的增产 24.9%，比氮少磷多钾中的增产 27.2%，氮磷钾施肥量的配比为 （1.7～1.8）∶1∶ （1.4～1.5） 较为适宜。具体施肥量可为每亩施基肥 2 400～2 800 千克腐熟猪牛粪，1 200～1 600 千克人粪尿，30 千克左右三元复合肥，结果期根据长势追肥 2～4 次，地干时可追施人粪尿，地湿或气温高时宜追施化肥，每次亩施尿素 8～10 千克，氯化钾 5 千克左右。

辣椒对硼等微量元素比较敏感。据试验，在花期至初果期叶面喷施 2 次 0.3% 的硼砂，可提高结实率，前期产量增加 12.2%，总产量增加 6.7%，结果期喷 1～2 次 0.03%～0.05%

的稀土元素，平均增产 10.9%。

5. 锄草、松土、壅根　缓苗后及时松土，以提高地温。松土做到"头遍浅、二遍深、三遍四遍不伤根"。并逐次结合进行培土。4 月中旬至 5 月初，在辣椒封行前，将厢面挖成厢沟培在辣椒行上，培土高度可达 5～8 厘米，使原来的低厢变成深沟高厢，有利于灌溉和排涝，并可防倒伏。在塑料大棚内加盖地膜的则不必锄草、松土、壅根。

（四）适时采收

青椒以嫩果供食，适时采收可以增加产量，提高经济效益，辣椒开花授粉后 18～25 天，果实充分膨大，青色较浓，果实有坚韧感且有光泽时，就应采收。

六、南方辣椒秋种冬收栽培

辣椒在我国多为春季移栽，早熟辣椒在 5 月中下旬始收，晚熟辣椒晚至 10 月下旬采收，辣椒采收的盛期在夏秋季。而冬、春两个季节，特别是春节期间，缺少鲜椒供应。近年来，我国南方地区为了充分利用晚秋光热资源，延长辣椒的供应期，辣椒也开始秋种冬收。如长江中下游的江苏、安徽等省采用多层覆盖（地膜＋小棚＋草帘或双层大棚＋地膜＋草帘）秋延后栽培辣椒，元旦至春节上市，比传统的秋延后栽培延迟 1～2 个月，经济效益和社会效益十分显著。在广东的湛江、茂名等地因冬季的气温高，辣椒能够完全越冬，一般不发生冻害，可直接进行露地栽培，不需要盖塑料膜，也可不用地膜覆盖栽培。近年来，辣椒秋种冬收栽培在广东湛江、茂名，广西南宁等地发展很快，年种植面积均超过 30 多万亩，对我国实现鲜椒周年均衡供应起了重要作用。

在四川辣椒也可秋种冬收，可采收至 11 月中旬至 12 月。适宜选用的品种有赣椒 1 号、湘研 9 号、川椒 B2、川椒 A1。四川秋椒最适播种时间为 7 月 10 日前后，亩用种量 100～120 克。秋椒培育苗的关键是防烈日、防大雨，因此必须利用遮阳网建成能防晒防淋的育苗棚，一般 50～60 米² 床面育出的苗子可定植 1 亩地。秋椒定植时正遇高温期，如采用一般方法育苗定植，移栽时伤根太多，不易成活，所以必须采用营养钵护根育苗。

先将营养钵中泥土浇透水，每个营养钵点入 2～3 粒种子，再撒上一层培养土盖种，用喷水器将覆盖的培养土喷湿，再盖一层稻草保湿。以后根据培养土干湿情况 2～3 天在稻草上喷 1 次水，出芽后及时揭去稻草，小苗长至四叶时，匀去弱苗，每穴保持双株。小苗定植前要炼苗，使其适应大田气候。

定植前将全生育期所需肥料总量的 1/2 作为基肥，作成 1.6 米宽的高厢，厢面耙细整平，灌足底水立即铺膜，铺地膜主要是保证高温干旱期间土壤有恒定的水分，供给植株良好生长，但强光照射地温过高，必须在地膜上搭草遮光。

定植时将营养钵连苗带土搬进大田，每厢定植 3 行，行距 40 厘米，株距 25～30 厘米，每亩 4 500 穴（每穴双株）左右，打穴后抽掉营养钵，把苗带土栽入穴内，定植成活后，注意预防病虫害，挂果后可在地膜上开穴施追肥。夜温下降到 17℃ 以下时，立即搭棚保温，棚内温度白天不高于 30℃，棚内湿度大，应注意通风换气，降低棚内温度，并喷药预防烂果。

七、干辣椒栽培

干辣椒抗性强，栽培技术简单，投资少，效益高，历来是广大农村，特别是丘陵地区农民出口创汇产品和脱贫致富作物。随着辣椒加工技术，特别是深加工技术的发展，干辣椒用量将越来越大，种植面积将迅猛增加，种植干辣椒又将形成农村经济一大特点。

（一）选用良种

作为干椒生产的品种，应是果实细长、果实深红、株型紧凑、结果多、结果部位集中、果实红熟快而整齐、果肉含水量少、干椒率高、辣椒素含量高的专用品种。生产上应用较多的有以下优良品种：河北地方品种鸡泽羊角椒、望都辣椒，陕西地方品种耀县线辣、咸阳线干椒，四川的二金条、川椒七星，湖南的湘辣 1 号、湘辣 2 号、湘辣 3 号、宝庆辣椒，以及从日本引进的三鹰椒等。

（二）育苗移栽

干辣椒栽培过去主要是直播，现在育苗是其增产的一项重要技术措施。多采用冷床或塑料小拱棚育苗，苗龄 50～60 天。大面积栽培时可不分苗，但苗床播种密度可适当减少，在水源缺乏、较为干旱的地区，可以直播，一般在土温达到 15℃时播种，每亩用量为 200～400 克。

（三）整地施肥

干辣椒抗病性强，适应性广，对土质要求不严格。沙土、壤土、黏土地均可种植，但以偏酸性的黏壤土和壤土比较适宜。施肥应以底肥为主，追肥为辅。肥力中等的土地，每亩施入农家肥 3 000～5 000 千克。

（四）轮作倒茬

大多数干辣椒产区存在连作的问题。目前采用轮作倒茬的方法较多，主要有与禾本科作物倒茬、与十字花科作物倒茬、与块根块茎作物倒茬、与豆科作物轮作的方式等。一般实行 3～4 年轮作比较适宜。

（五）间作套种

间作套种能充分利用我国的耕地，提高单位面积的生产效益。主要方式有小麦辣椒套种、玉米辣椒套种、辣椒和豆类套种、辣椒与洋葱套种等。

（六）移栽

在晚霜过后，地温稳定在 10℃以上，夜间气温稳定在 5℃以上时方可定植。定植可采用大小行，每穴 2～3 株，每亩栽苗 12 000～18 000 株。

（七）田间管理

一般定植成活后及时浅锄 1 次，以后在灌水或下雨时及时中耕除草。干辣椒一般大面积种植在丘陵薄地，对肥料的需求量较大，除重视氮肥外，还应重视磷钾肥的应用。果实开始红熟后，应适当控制浇水，以致停止灌水，防止植株贪青徒长，影响红熟果产量。

（八）适时采收

干辣椒一般开花到成熟 50～65 天，辣椒转红之后并未完全成熟，需再等 7 天左右，果皮发软发皱才完全成熟。田间分批采收可减少养分损耗，增加产量，增进品质，同时可避免阴雨天的损失。一般春椒可分收 3～4 次，夏椒可分 2～3 次采收。

第五章

甜 椒

第一节 概 述

甜椒（*Capsicum frutescens* var. *grossum* Bailey）又称为西园椒、青椒、柿子椒，与辣椒同属茄科辣椒属，但却是不同的栽培种，两者有明显的区别。甜椒由辣椒在北美演化而成，经过长期驯化和人工栽培，果实增大，果肉变厚。我国于100多年前引入，现已成为南北各地的一种主要蔬菜。目前，生产上应用的甜椒品种，果大，短粗钝圆，长7.5～12.5厘米，方形、长方形或锥形，3～4心室。绝大多数无辣味，极少数品种具微辣或辣味。甜椒营养丰富，具有良好的保健作用，其中维生素E的含量红熟老果比青果高，胡萝卜素、尼克酸、硫胺素等含量高于一般的果菜，因而甜椒成为世界各国人民喜爱的蔬菜之一。

世界冷凉地区，以栽培甜椒为主；热带、亚热带地区，以栽培辣椒为主。传统的甜椒嫩果色多为绿色，生物学成熟果色为红色。

彩色甜椒（彩椒）从20世纪70年代欧洲各国开始大面积种植，20世纪90年代中期自荷兰、以色列、法国等欧洲国家引入我国，作为特菜种植，已成为农业科技示范园和观光农业必种的果菜之一。由于甜椒具有不同果色，嫩果色有紫、白、浅绿、绿；成熟果色有黄、橙、褐、红。除常见绿椒外，国内把紫、白、浅绿、黄、橙、红、褐色甜（辣）椒通称为"七色椒"。彩椒以其色泽鲜艳、果大肉厚、商品性佳、耐贮运等特点，深受市场欢迎。目前已在全国各地栽培，北方以保护地栽培为主，南方海南、云南等地已大面积露地种植，基本实现了周年供应。主要集中在节日消费，多以装箱礼品菜形式进入市场。

20世纪90年代，随着政府对"菜篮子工程"的日益重视和我国运输事业的发展，甜椒的生产格局发生了较大的变化。在甜椒生产区，甜椒保护地栽培面积不断扩大，如温室、塑料大棚、小棚、地膜覆盖等，提早了甜椒的上市期，椒农的收入明显提高。由于甜椒耐贮运，华南地区的广东、广西、海南等地大面积发展甜椒商品生产基地，秋冬种植，远销北方，以满足华北、东北等城市冬季甜椒的需求。甜椒的"南菜北运"，不仅取得了较好的社会效益，也给种植产区带来了可观的经济收入，椒农种植积极性日益高涨，南方各省种植甜椒已成为冬季蔬菜的一大热点。

第二节　甜椒优良品种

一、早熟品种

1. 91 号甜椒　江苏省农业科学院蔬菜研究所选育的一代杂种，果实高灯笼形，果面光滑，光泽度好，青熟果绿色，老熟果深红色。果长 11.6 厘米，果肩宽 8.1 厘米，肉厚 0.6 厘米，单果重 160 克左右。味甜，宜鲜食。早熟，始花节位为第七至八节，分枝能力强，坐果集中。植株半开张，株高 50 厘米，株幅 55～65 厘米。抗病毒病、炭疽病，适宜大棚、日光温室春提早栽培或秋延后栽培。

2. 苏椒 13 号　江苏省农业科学院蔬菜研究所育成的早熟灯笼形甜椒一代杂种。早熟，始花节位为第十至十一节。植株生长势强，叶深绿色，株高 50 厘米，开展度 55 厘米。果实高灯笼形，深绿色，果长 11.3 厘米，果肩宽 7.1 厘米，果形指数 1.6，果肉厚 0.49 厘米，平均单果重 145 克。平均前期产量为每亩

1 444千克，总产量为每亩2 654千克。青椒味甜，口味佳。区域试验田间病害调查，病毒病病情指数5.6，炭疽病病情指数0.3，抗逆性较强。适宜江苏省各地保护地栽培。

3. 豫椒3号甜椒　河南省新乡市农业科学院选育的特早熟甜椒新品种。株高55厘米，开展度50厘米，始花节位为第八至十节，从开花至嫩果采收25天左右。果实绿色，方灯笼形，3～4心室，品质佳。单果重75～100克，大果可达200克，每亩产量4 500～6 800千克。特别适合日光温室、塑料大棚栽培。

甜椒的早熟品种过去种植较多的还有中椒2号、农乐、中椒3号、农大8号、甜杂1号、甜杂2号、甜杂6号、津椒8号、海丰1号、海花3号、津椒2号、洛椒1号、洛椒3号、通椒1号、姑苏早椒、中椒7号、中椒10号、锡椒2号、豫椒2号、中椒5号、中椒6号、中椒11号、中椒13号等优良品种。

二、中熟品种

1. 京甜3号　北京市农林科学院蔬菜研究中心以优良自交系9806-1和9816配制的中早熟甜椒一代杂种，果实方灯笼形，4心室为主，果实绿色，果表光滑，商品率高，耐贮运。果纵径10厘米、横径10厘米，单果重160～260克，低温耐受性强，持续坐果能力强，高抗病毒病，抗青枯病。每亩产量3 500千克左右，适于北方保护地、露地和广东、海南等地南菜北运基地种植。

2. 京椒3号　其母本9673系河南地方品种平椒16经多代定向培育筛选出来的耐病优良自交系，父本N9587系1995年从荷兰引进的95001经多代定向培育筛选出来的耐病优良自交系。该品种为早中熟一代杂种，始花节位为第九至十一节，定植至始收45天左右。植株生长势中等，株高50～60厘米，开展度55厘米，9～11片叶分枝，节间短粗。果实长炮椒形，果长15.0～15.8厘米，横径5.5厘米左右，果肉厚0.55厘米，以3心室居多，味甜，果面光滑，嫩果绿色，老熟果鲜红色，皮厚、硬，单果重90～130克，每亩产量3 500～5 000千克。适宜云南、贵州、四川等地露地和保护地栽培。

3. 江苏5号　江苏省农业科学院蔬菜研究所利用甜椒胞质雄性不育（CMS）系8A为母本，甜椒恢复系5‐2R为父本配制的早中熟甜椒一代杂种。植株半开张，始花节位为第八至十节。果实高灯笼形，纵径9.2厘米，肩横径6.54厘米，肉厚0.38厘米，平均单果重91.8克。果大肉厚，光滑，商品果绿色，老熟果鲜红色，每千克鲜椒含维生素C 1 421毫克，味甜，商品性好。耐病毒病和炭疽病。每亩产量2 098.9千克。

该品种适宜在江苏、广东、河北、陕西、北京和东北地区种植。长江中下游地区作早春大、中棚多层覆盖栽培，宜10月中下旬冷床育苗，翌年2月底定植。东北地区作露地地膜覆盖栽培，宜在2月下旬育苗，断霜后定植。

4. 新乡甜椒7号　河南省新乡市农业科学院选育的中早熟甜椒新品种。株高60厘米，开展度50厘米，始花节位为第十至十二节，从开花至嫩果采收25天左右，果实绿色，灯笼形，果肉厚0.5厘米，3～4心室，单果重125～150克，每亩产量4 000～5 000千克。具有抗病、高产和优质的特点，适合早春露地和春秋日光温室、塑料大棚栽培。

5. 申椒1号　上海市农业科学院园艺研究所育成的中早熟灯笼形甜椒一代杂种。中早熟，始花节位为第十三至十六节。植株生长势强，株高95厘米，开展度63厘米。果实方灯笼形，绿色，果长7.1厘米，果肩宽6.0厘米，果形指数1.3，果肉厚0.46厘米，平均单果重92.6克。平均前期产量为每亩1 455.9千克，总产量为每亩2 790.1千克。青椒味甜，口感好。区域试验田间病害调查，病毒病病情指数15.2，炭疽病病情指数2.4，抗逆性较强。适宜江苏省各地保护地栽培。

6. 烟椒3号　山东省烟台市农业科学研究院以以色列引进

大果甜椒品种经多年连续自交选育出的较抗病毒病的稳定自交系
YT-75-1-9为母本，以俄罗斯引进中早熟甜椒品种经多代自
交选育出的高代自交系 C-35-4 为父本配制而成的甜椒一代杂
种。该品种属中熟品种，播种至始花 120 天左右，始花节位为第
十一至十二节。植株生长势旺盛，株型紧凑，株高 60～70 厘米，
开展度 65 厘米。果实方灯笼形，果长 12.5 厘米，果肩宽 9.5 厘
米，多为 4 心室，味甜肉厚，果肉厚 0.85 厘米，青熟果绿色，
老熟果红色，单果重 200～250 克。对病毒病和疫病的抗性强于
洛椒 6 号。每亩产量 4 300 千克左右。适宜各种保护地设施
栽培。

7. 北星 8 号 内蒙古农牧业科学院蔬菜研究所以优良自交
系 P89-3812 为母本，以优良自交系 P89-3885 为父本配制而成
的甜椒一代杂种。该品种属大果、中熟、高产、优质、抗病性
强、适宜鲜食或脱水加工的甜椒新品种。生长势强，株高 65 厘
米左右，开展度 60 厘米左右，始花节位为第十至十二节。从定
植到始收 70 天左右，比对照茄门椒晚 5～7 天，比北星 7 号晚
3～5 天。分枝能力强，坐果率高。果实方灯笼形，果面光滑有
光泽，青熟果深绿色，老熟果鲜红色；果实纵径 12～14 厘米，
横径 10～12 厘米，果肉厚 0.68 厘米。单果重 220 克左右，果肩
平，果顶稍凹入。味甜，品质上等。抗病毒病、炭疽病和疫病能
力比对照茄门椒强。露地栽培一般每亩鲜椒产量 5 000 千克以
上。适合内蒙古、宁夏、甘肃、山西等地栽培。

甜椒的中熟品种过去种植较多的有双丰、辽椒 3 号、农发、
8 号甜椒、嘉配 3 号、嘉配 5 号、中椒 5 号、甜杂 3 号、苏椒 4
号、锡椒 1 号、通椒 4 号、牟农 1 号、冀研 4 号、冀研 5 号、甜
杂 7 号、中椒 4 号等优良品种。

三、晚熟品种

1. 茄门 上海市从德国引进，已驯化为地方品种，株高 60

厘米,开展度 70 厘米。叶片大,叶色深绿,全缘。始花节位为第十四节。果实方灯笼形,果高及横径各 7 厘米,果色深绿,果柄下弯、果顶向下、顶部有 3~4 个凸起,顶中部凹陷。果肉厚 0.5 厘米,3~4 个心室,单果重 100~150 克。味甜不辣,质脆品质好,果皮厚耐贮运,耐热性及抗病性较强。中晚熟种,定植后 40~50 天始摘青椒,亩产 4 000 千克。适宜上海、北京、河北及华南、华北、东北部分地区栽培。

2. 中椒 8 号 中国农业科学院蔬菜花卉研究所选配的一代杂种。植株生长势强。果实灯笼形,果形美观,表面光滑,深绿色,单果重 100~150 克。果肉厚 0.54 厘米,3~4 心室,味甜质脆,品质优良。抗病毒病,耐贮运。中晚熟种。每亩产 4 000~5 000 千克。适于露地恋秋栽培。畦宽 1 米,栽双行,穴距 27~30 厘米。每穴栽 1 株,每亩栽 4 500 穴左右;每穴栽 2 株,每亩栽 4 000~5 000 穴。适宜北京、天津、山西等地。

3. 湘研 8 号 湖南省蔬菜研究所 1988 年育成的稍有辣味的抗病、丰产杂交甜椒品种。株高 57 厘米,开展度 65 厘米,始花节位为第十四至十七节。果实长灯笼形。深绿色,果长 8.9 厘米,横径 5.5 厘米,果肉厚 0.51 厘米,平均单果重 80 克。果实表面光滑,稍有辣味,辣中带甜。抗病,耐热,耐涝。中晚熟,亩产 4 000 千克左右。适于南方各省露地栽培。

4. 农大 40 北京农业大学园艺系育成的甜椒新品种。植株直立,株型紧凑。株高 70 厘米,株幅 65 厘米。始花节位为第十至十二节。果实长灯笼形,心室 3~4 个,果实长 10~12 厘米,横径 8~12 厘米;嫩果为浅绿色,有光泽,老熟果红色;果肉脆甜,果肉厚为 0.5~0.6 厘米,单果重 150~200 克。中晚熟,抗病毒病,耐热。丰产性好,亩产 5 000 千克左右。适宜北京、河北、陕西、四川、河南、安徽、浙江等地栽培。

甜椒的晚熟品种过去种植较多的有世界冠军、麻辣三道筋、加州奇异、吉椒 1 号、冀椒 1 号、绿扁甜椒、黄扁甜椒、甜杂 4

号等优良品种。

四、彩椒优良品种

1. 黄星1号 北京市蔬菜研究中心在国内率先育成的中早熟甜椒一代杂交种。植株生长健壮，始花节位为第九至十节。果实方灯笼形，果实成熟时由绿转金黄色，果面光滑，含糖量高，耐贮运。果形11厘米×8厘米，肉厚0.4厘米，单果重150～200克，连续坐果能力强，整个生长季果形保持较好。较耐低温，较抗烟草花叶病毒病和青枯病。适于北方保护地种植。

2. 黄星2号 北京市蔬菜研究中心新育成的中熟甜椒一代杂交种。植株生长健壮，始花节位为第十一至十二节。果实方灯笼形，4心室为主，果实成熟时由绿转金黄色，果面光滑，含糖量高，耐贮运。果形10厘米×9厘米，肉厚0.54厘米，单果重160～220克，连续坐果能力强，整个生长季果形保持较好。较耐低温弱光，抗烟草花叶病毒病和青枯病，耐疫病。适于北方保护地和南菜北运基地种植。

3. 橙星2号 北京市蔬菜研究中心新育成的中熟甜椒一代杂交种。植株生长健壮，始花节位为第十至十一节。果实方灯笼形，3～4心室，果实成熟时由绿转橙色，果面光滑，含糖量高，耐贮运。果形10厘米×9厘米，肉厚0.54厘米，单果重160～220克，连续坐果能力强，整个生长季果形保持较好。抗烟草花叶病毒病和青枯病，耐疫病。适于北方保护地和南菜北运基地种植。

4. 巧克力甜椒 北京市蔬菜研究中心新育成的中熟甜椒一代杂交种。植株生长健壮，始花节位为第十至十一节，果实方灯笼形，4心室或3心室，果实成熟时由绿色转成诱人的巧克力色，果面光滑，含糖量高，耐贮运。果形9厘米×9厘米，单果重150～220克，连续坐果能力强，整个生长季果形保持较好。抗烟草花叶病毒病和青枯病，耐疫病。适于北方保护地和南菜北运基地种植。

5. 玉妃 北京市蔬菜研究中心新育成的中熟一代杂交种，生长势强。果实粗长羊角形，味甜质脆。商品果为乳白色，品质佳，果形 20 厘米×3.2 厘米，单果重 70 克左右。较抗病毒病，耐低温性强。适于保护地栽培。

6. 丽丽芭（绿转黄） 荷兰德瑞特公司推出的彩椒新品种。植株长势健壮，开展度中等，耐低温，坐果能力强，成熟时由绿色转为金黄色。适合在黄果期采收，也可在绿果期采收。果实方正，果皮厚，硬度高，正常栽培条件下平均单果重 220～260 克，商品性好。抗烟草花叶病毒病。适合秋延、越冬早熟栽培。

7. 曼特尔（绿转红） 荷兰德瑞特公司推出的彩椒新品种。植株长势旺盛，株型紧凑，耐寒性好，连续坐果能力强。果实大，产量高。果实方形，周正，果肉厚，果皮光滑，均匀整齐，正常栽培条件下平均单果重 220～260 克，转色快，成熟后颜色由绿转亮红。既可采收绿果，又可以采收红果。抗烟草花叶病毒病。适合秋延、越冬、早春栽培。

第三节　甜椒栽培管理技术

甜椒属喜温性蔬菜，不同的生长发育阶段对温度、水分和光照有不同的要求。甜椒栽培就是通过人们掌握的科学知识，改变甜椒生长的外界条件，如温度、土壤肥力和水分，使之适宜于甜椒不同生长发育的要求。先进的栽培管理技术关键就在于对栽培环境如温度、水分和营养条件的控制，创造最佳的生长环境，以获得高产、优质的商品。

一、大棚彩椒春季栽培

由于北方地区春季光照足，光照时间长，气温、地温逐渐回升，有利于彩椒生长，并且提前供应市场，可显著提高单位面积的经济收入。

1. 品种选择　合适的优良品种是进行大棚彩椒生产的前提。因此，大棚彩椒春季栽培应选择中早或中熟丰产、抗寒、优质的品种。可选用京彩系列各色彩椒品种，也可选用国外种子公司彩椒品种

2. 育苗　培育适龄壮苗，增强抗寒、抗病能力，是春季大棚彩椒丰产的基础。适宜的播种期是培育适龄壮苗的关键。根据当地适合的定植日期来推算适宜的播种期，即从合适的定植期减去适当苗龄。在正常情况下，以定植前幼苗达到 8～10 片叶为标准，中熟和中早熟品种在定植前 65～80 天开始播种。例如北京地区塑料大棚是 3 月底定植，一般在 12 月底至翌年 1 月上旬育苗。彩椒大棚栽培的播种期和定植期因气候、地理位置、栽培技术、加温条件不同而有差异。一般情况下从南至北，播种期、定植期依次推迟，同一地区如果温室有加热设备如地热线，则播种期比无加热设备的温室推迟。

育苗时，条件好的地方应采用草炭 3 份：蛭石 1 份配制的营养土，可采用穴盘育苗或营养钵育苗，减少菌源，这样有利于幼苗健壮。条件差的地方采用温室育苗，营养钵分苗。

已催芽的种子播种后，将苗床温度控制在 25～30℃，3～4天即可出苗，出苗后为防止徒长要适当降温至 23～25℃。幼苗长出 2 片真叶时，即进行分苗，分苗要选晴天进行。大棚栽培属保护地栽培，但在定植前 10～15 天，同样进行低温锻炼，加大通风量，最低夜间温度降低到 10℃左右，以提高秧苗抗寒力。

3. 适时定植　大棚彩椒栽培的目的就是为了提前上市。因此，在保证幼苗不受冻害的条件下及早定植，才能提前上市。

（1）提前整地作畦　大棚彩椒定植时，气温仍较低，需要提高土温，以利幼苗定植后促进根系生长和加速缓苗。

首先当秋茬作物拉秧后进行深翻，耕层 30 厘米左右，经过冬季的风化晒垡，使得土壤疏松，并能消灭病虫杂草。

其次在春季定植前应提前扣棚以提高地温。封好大棚四周，以充分利用太阳光能使棚内冻土尽快解冻。当土壤解冻以后，再进行春耕耙地，平整地块并作南北方向畦，一般畦宽 1.1～1.2 米，小高畦高 15 厘米左右，棚中留水沟。也可按 1.1～1.2 米开沟，沟栽后再培成小高畦，如果使用节水灌溉，作成小高畦为佳，畦面铺滴灌管后覆盖地膜，既节水又保墒，采用滴灌时以南北方向畦为好。

（2）重施底肥　春大棚彩椒生长季较长，产量高，因此必须施足基肥，施肥量要比露地多 20%～30%，一般每亩大棚要施优质腐熟的有机肥 6 000～8 000 千克，过磷酸钙 25～30 千克，钾肥 10 千克，磷、钾肥对于提高彩椒产量、品质和着色都有显著效果。

（3）采用保温措施，尽早定植　不同的保温措施，定植期也不同：①单层覆盖保温，是指大棚只有外层棚膜保温。这种单层大棚一般在华北地区是 3 月下旬定植，若保温措施做得好或在气温回升快的年份，可提前到 3 月中旬定植。②多层覆盖保温，是指大棚有 3～4 层薄膜保温。多层覆盖塑料大棚可比单层大棚提前定植 10～15 天，华北地区可于 3 月上旬定植。

要争取在定植期内适时早定植。当棚内 10 厘米地温稳定在 12℃以上时，选晴天上午定植，要挑选壮苗、无病苗，并做到大小苗分开定植。栽苗深度以幼苗子叶高度外露为宜，有利于植株长出不定根而扩大根系的吸收面，栽苗深浅一致，使棚内生长整齐。采用小高畦定植的每畦栽两行，幼苗应栽在小高畦两侧肩的位置，行距 45～50 厘米，穴距 34～45 厘米，每亩 2 400～3 000 株，单株定植。采用沟栽时，幼苗应栽在沟底两侧，沟内行距 33 厘米左右，栽植深度以苗坨埋入土中大半为宜。栽植高度同小高畦。采用地膜覆盖定植时应注意不要将地膜孔开得太大，有条件的可使用打孔器打孔定植。

4. 定植后管理

（1）温湿度管理　大棚彩椒是通过放风来控制温、湿度。彩椒喜温怕霜冻，春大棚生产前期要注意保温，适时放风。否则大棚内温度过高，湿度过大，引起植株徒长，导致落花、落果、植株发病而造成减产。

大棚内温度和湿度的管理是相互联系的。放风不仅可以降低棚温，而且可以降低湿度。彩椒不需要过高的空气湿度，否则容易感染多种病害。为防止病害的发生和侵染，在每次灌水之后必须加大通风量，以降低灌水后棚内增加的空气湿度。

（2）水分管理　春大棚栽培的彩椒，定植后应立即浇水。定植时因温度还较低，水分散失慢，故浇水量不宜过大。如浇水量过大，低温更不易回升，从而造成长期低温高湿环境，引起大量沤根死苗。小高畦栽培时，浇水量可大些（有地膜覆盖的比无地膜的水量可更大些），但水面不能高过畦背。定植后 7～10 天可浇缓苗水，这段时间为控制生长，一般不进行追肥。在缓苗水浇后进行中耕蹲苗，蹲苗期间要中耕 2～3 次，提高地温，改善土壤通气状况和促进缓苗。适当控制茎叶生长，以调节营养生长与生殖生长的关系。

春季大棚彩椒栽培中要避免湿度过高。否则在前期低温高湿易发生灰霉病，在后期高温高湿易发生炭疽病、疮痂病等。开花结果期还会影响授粉，降低坐果率。棚内相对湿度一般保持在 70％为宜。为此在水分管理上，在做好浇水工作的同时，还应做好通风降湿工作。晴天温度较高时，要及时放风，阴天温度较低时也要适当放风，以防止棚内空气湿度过高。

（3）追肥　春季大棚彩椒栽培，一般去掉门椒，对椒坐果前不追肥，对椒坐果后浇水时开始随水追肥，每亩追硫酸铵 15～20 千克。中后期除进行正常追肥外，还需适当进行根外追肥。一般进入盛果期后，可每周喷施 1 次浓度为 0.1％～0.3％的磷酸二氢钾。

（4）培土、立护竿　春季大棚彩椒随着温度的回升，一般发秧较快，为防止坐果后植株倒伏，影响植株正常开花结果，在植株封垄前应进行培土。培土不宜过早，否则易使根部处于相对较泥泞的土层中，地温回升慢，根系发展也慢，从而影响地上部生长。培土时要把沟中土培于植株基部，厚度 5～6 厘米。此外，除进行培土外，还要在每行植株外侧插竹竿，绑横栏，以防止植株倒伏，也便于采收时在垄间行走。

（5）除草和整枝　浇水后结合中耕及时清除棚内杂草，前期一般不进行整枝。但到生长中期，需要整枝，以免植株生长过旺而导致通风不良，造成落花落果，病害发生和植株养分过于分散影响主茎开花坐果。

（6）喷生长素　为了防止前期低温造成落花落果，一般在四门斗以前使用，可使用浓度为 20～50 毫克/千克的萘乙酸和 30～50 毫克/千克对氯苯氧乙酸（防落素）喷花，开花前 1 周喷 1 次。

5. 采收　彩椒对商品成熟度指标要求很严格，果实已充分膨大，着色均匀，表面具有较好光泽时就可采收。在正常栽培条件下，一般紫椒和白椒开花授粉后 25～30 天即可采收，而成熟果色品种黄、橙、红和巧克力色甜椒自坐果至采收一般需要 50～60 天。

二、南方甜椒栽培

甜椒喜温、不耐寒、不耐热，不及辣椒的抗逆性和适应性强，因而在长江流域或长江以南，春夏栽培甜椒较少。近年来，具有冬暖气候条件的广东、广西和海南以及具有高山气候特点的云南、贵州和其他高山地区的甜椒栽培面积越来越大，现已形成独特的外运创汇蔬菜和北运蔬菜基地。

1. 品种选择　适宜创汇型和北运的品种应果大、肉厚、果形整齐一致，较耐热，抗病性强，适应性广，耐贮运，品质好，如中椒 5 号、中椒 8 号、茄门椒和加州奇异椒等。

2. 栽培季节的确定 利用南方冬季气候和高山气候特点，甜椒采取分期播种、采收，能做到周年生产、均衡供应。甜椒周年生产除考虑供应期、秋淡季市场外，还要考虑前茬的种植季节。

3. 整地作畦与施基肥 甜椒对土壤的适应性较广，在沙质、壤土或黏壤土中都可栽培，但以肥沃、富含有机质、保水保肥力强、土层深厚的沙质土最好。甜椒不抗枯萎病与青枯病，种植田块的前作不能为茄科或花生、烟草、桑树等，最好为水稻田。进行水旱轮作是减少甜椒病害发生的最好途径。种植地应充分深翻、细碎、晒白，一般经三犁三耙，每亩用石灰 50～70 千克消毒，土壤 pH 以 6～7 较为适宜。甜椒生育期较长，应注重基肥的施用，基肥的施用量为每亩施腐熟猪牛粪 1 500～2 000 千克，花生麸 40～50 千克和过磷酸钙 50 千克，或腐熟农家肥 3 000 千克，复合肥 50 千克，磷肥 50 千克，进行沟施。整地后起畦。畦南北向，一般采用 1.1～1.2 米包沟，双行植，畦高 20～30 厘米。

4. 播种育苗

（1）种子消毒 近年来，由于辣椒种植面积大，病害发生严重，特别是在秋季，病毒病较多，因此，作为辣椒栽培种的甜椒在播种前也必须进行种子消毒，以防种子带菌。可用纱布将种子包起来，用 56℃ 热水浸种 1 小时或 10% 磷酸三钠浸 15～20 分钟，取出用清水冲洗干净。也可用福尔马林、硫酸铜、多菌灵或高锰酸钾等杀菌剂进行种子消毒。

（2）播种 甜椒播种可采用苗地育苗与营养杯（或营养袋）育苗两种方式，以营养杯育苗较理想。营养杯育苗的营养土一般由过筛的马粪、猪粪、厩肥、草木灰、火灰土、河泥、塘泥等肥料以及洁净的园土或未种过菜的大田土配制而成，但禁止使用未经腐熟的有机肥如鸡粪等。要求制成营养土后 pH6.5～7.0 为宜。可采用的配方为：水稻土：火烧土：草木灰＝6：3：1，并加入 1%左右的复合肥混合而成。播种前充分淋湿营养杯土，每杯播种 1 粒。播种后盖上一层筛过的腐熟土杂肥约厚 1 厘米，再盖稻草，每天用喷壶淋湿，保证出芽。每亩用种量 40～50 克，种子发芽差的应增加种量。

（3）温度调控　夏季播种由于气温高、雨水多，应采用遮阳网小拱棚覆盖进行防雨抗热育苗；冬季、春季播种由于气温仍低，要建立塑料薄膜小拱棚覆盖进行防寒保温育苗，播种 5～7 天种子发芽后要及时揭去稻草。育苗期间，温度升高，要揭去小拱棚两边，以利通风降温降湿，以免高温高湿下造成幼苗徒长或发生疫病、猝倒病等病害。

（4）苗期管理　揭草后继续保持苗床的湿润，低沟地育苗应防积水。待苗具 1～2 片真叶时即可追肥，一般用淡粪水或化肥。勤施尿素和磷肥有利于培育壮苗，每 50 千克水可加入尿素 50～100 克，过磷酸钙 100～150 克，充分溶解后淋施。苗期淋水不宜过多，保持湿润即可。真叶出现后及时进行除草，间去病苗、密苗与弱苗，5～7 天后用 0.2%乐果加百菌清 600 倍稀释液喷施，以防蚜虫和疫病的发生，苗具 4～6 片真叶时即可移栽。温度高苗龄一般 20～25 天，温度低要 30 天左右。移栽前 2 天应淋 1 次送嫁肥，起苗前应充分淋足水，减少伤根，保证移苗的成活率。定植前 2～3 天应揭去覆盖物进行炼苗，以适应苗地外的不良环境。

5. 合理密植　定植时间应选择在晴天下午或阴天进行，雨天不宜定植。移苗应尽量多带土，少伤根，定植苗规格应一致。合理密植是甜椒丰产的主要措施之一。株型较大的可采用1.2～1.3 米包沟，双行植，株距 20～30 厘米，每亩植 4 000～5 000 株。有条件的地方早春栽培可用地膜覆盖，夏季栽培可用遮阳网覆盖。实践证明，覆盖可提高产量与品质，并能提早上市。

6. 植株调整　摘除侧芽。甜椒有时在第一分杈以下会产生许多侧芽，这些侧芽应除去，否则会消耗养分，并抑制植株顶部的分枝生长。侧芽应在植株较小时除去，以免伤及植株。

7. 肥水管理 甜椒生长期较长，果实较大，若肥料充足，管理好，可延长采收期，提高产量。除施足基肥外，要配合植株生长发育阶段进行合理追肥，对肥料三要素的要求以氮、磷较多。肥料用法应根据各地具体情况来定。植株定植成活后，5～7天开始追肥，前期可用尿素 50 克加水 25 千克淋施，每亩用尿素 2～3 千克，或用腐熟稀薄人粪尿淋施，2～3 次后，改用沤过的花生麸淋施，并配合使用过磷酸钙与氯化钾，可在植株株间和行间开沟施入，结合培土进行。每隔 10～20 天施肥 1 次，每次每亩用花生麸 7.5～10 千克，过磷酸钙 10 千克，氯化钾 5 千克；或复合肥 10～15 千克加尿素 3～4 千克；或人粪尿 1 000～1 500 千克淋施。淋施较浓的粪水时，要用清水再淋 1 次，以避免肥害。

甜椒根群不大，既不耐过湿，也不耐干旱。若土壤过于干旱，则生长发育受到抑制，落花落果多，果小，产量低；如果土壤过湿，土壤缺乏氧气，根部呼吸受阻，根易腐烂，叶片枯黄，也易引起各种病害的发生，如炭疽病和枯萎病等。

8. 中耕培土与除草 甜椒根群入土不深，根群大多数分布于表土层，且根系的再生能力只在苗期较强，故定植后忌伤根，应尽量减少中耕的次数。若土壤板结，可适度中耕，注意不要靠近根部。杂草多，可进行人工除草。同时，可结合施肥进行多次培土，以改良土壤，增加根系吸收面积。

9. 采收 甜椒果实已充分长大，果肉厚、坚实、色深而具有光泽时采收。一般播种至初收 90～130 天。具体的收购标准应结合市场要求而定。一般着生在植株下面的果，如门椒（第一果），应及时采收，以免影响继续开花结果和上面果实的膨大。

第四节　甜（辣）椒病虫害防治

（一）甜（辣）椒病害

1. 甜（辣）椒炭疽病　炭疽病发生很普遍，除为害甜（辣）椒外，还可为害番茄。成熟果实和老叶最容易被侵害。被害果实表面初生水渍状病斑，以后扩大成圆形或不规则形，病斑褐色，中央稍凹陷，灰色，其上生小黑点，排列成同心轮纹，天气潮湿时产生粉红色黏质物。被害叶初生褪绿水渍状病斑，以后扩大成不规则形褐色病斑，中心呈灰色，病叶易脱落。本病由真菌引起，病斑上的粉红色黏质物就是病菌的分生孢子。

病菌附着在种子上或土壤表面病株残体上越冬，成为第二年初侵染的来源，菜株发病后再通过雨水或昆虫等传播而重复侵染。

防治方法：①选健壮菜株留种和进行种子处理，可用 55℃温水浸种 10 分钟，到时间后立即移入冷水中进行冷却，然后催芽播种。②实行 2～3 年轮作，适当增施磷、钾肥，合理密植，病果即早采收处理。收获后，清除病株残体，并进行深耕。③药剂防治。发病初期可用 50%多菌灵或代森锌或瑞毒铜可湿性粉剂 600～800 倍液，50%托布津 800～1000 倍液喷洒叶面。7 天 1 次，连续喷 2～3 次。

2. 甜（辣）椒花叶病　感病植株在叶上产生明脉、花叶或大型黄褐色环斑，以后幼叶变窄，有的叶缘向上卷曲，深绿部分突起呈泡状。节间缩短，植株矮化，呈丛枝状。小枝及茎部生黑褐色条斑。早期落叶、落花、落果。重病株小枝以致全株枯死。果实上有黄绿花斑或黄色环纹，畸形，易脱落。本病主要由烟草花叶病毒和黄瓜花叶病毒侵染引起。

病毒可在多种茄科植物上寄生或越冬，或在土壤中病株残体上越冬，通过蚜虫（桃蚜等）或接触过病株的手和用具摩擦接触健株而传播，幼苗移栽后嫩叶与带毒土壤接触也容易传染。

防治方法：①选用抗病品种，如中椒 2 号、皖椒 1 号、早杂 2 号椒等。②适时播种，培育壮苗。要求秧苗株型矮壮，第一分枝具花蕾时定植。③种子用 10％磷酸三钠浸种 20～30 分钟后洗净催芽，在分苗、定植前或花期分别喷洒 0.1％～0.2％硫酸锌。④其他防治方法见番茄病毒病。

3. 甜（辣）椒灰霉病　灰霉病是保护地栽培中甜（辣）椒育苗及生产上发生普遍、危害较大的一种病害。甜（辣）椒幼苗、叶、茎、枝、花器均可染灰霉病。幼苗染病，子叶先端变黄，后扩展到幼茎，致茎缢缩变细，由病部折断而枯死。叶片发病，由叶缘向内呈 V 形扩展，病斑初呈水渍状，边缘不规则，后呈茶褐色，成株染病，茎上初生水渍状不规则斑，后变灰白色或褐色，病斑绕茎一周，其上端枝叶萎蔫枯死，病部表面生灰白色霉状物。结果期发病以门椒和对椒为多，在幼果顶部或蒂部形成褐色水渍状病斑。病部凹陷腐烂，暗褐色，表面生有灰色霉层。露地栽培成株期危害较小。此病为半知菌类灰葡萄孢属真菌侵染而引起的流行性病害。

防治方法：①保护地甜（辣）椒要加强通风管理，以降低棚内湿度。②发病初期适当节制浇水，严防浇水过量。③发病后及时摘除病果、病叶和侧枝，集中烧毁或深埋。④药剂防治。棚室可选用 10％速克灵烟雾剂，每亩每次用 250～300 克熏烟，隔 7 天 1 次，连续或交替熏 2～3 次。栽培后发病初期可用 50％扑海因可湿性粉剂 1500 倍液，50％速克灵可湿剂粉剂 2 000 倍液，每亩喷对好的药液 50 升，隔 7～10 天 1 次，视病情连续防治 2～3 次。

4. 甜（辣）椒白绢病　主要发生在近地面的茎基部。病部暗褐色，其上长有白色绢丝状霉，后期长很多茶褐色、油菜籽状菌核。天气潮湿时白霉可扩展到根部周围或果实下方地表和土隙中形成菌核，此病病原为一种真菌。在土中越冬的菌核是初次侵染来源。

防治方法：①病重区可与禾本科作物轮作，最好与水稻进行轮作。②施用石灰。移栽前每亩用75～100千克石灰撒施，再行翻耕，调节酸度，削弱病菌活动。③加强田间管理，增施硝态氮肥料，及时拔除病株，带出田外集中烧掉。病穴及其四周撒消石灰，控制病菌扩展。④在发病期间，在植株的茎基部及其四周地面撒施五氯硝基苯药土（70％五氯硝基苯0.5千克拌湿细土15～25千克），每亩用五氯硝基苯1～1.5千克，每次相隔2周，连续2次。也可用50％托布津1 000倍液喷茎基部，或25％粉锈宁可湿性粉剂2 000倍液灌根。

5. 甜（辣）椒疫病 甜（辣）椒苗期、成株期均可受疫病为害，茎、叶和果实都能发病。塑料棚或北方露地，初夏发病多，首先为害茎基部，症状表现在茎的各部，其中以分权处茎变为黑褐色或黑色最常见；如被害茎木质化前染病，病部明显缢缩。造成地上部折倒，且主要为害成株，植株急速凋萎死亡，成为甜（辣）椒生产上的毁灭性病害。

病原称辣椒疫霉，属鞭毛菌亚门真菌。病菌主要以卵孢子、厚垣孢子在病残体或土壤及种子上越冬，其中土壤中病残体带菌率高，是主要初侵染源。病菌生长发育适温30℃，最高38℃，最低8℃，田间25～30℃，相对湿度高于85％发病重。一般雨季或大雨后天气突然转晴，气温急剧上升，病害容易流行。土壤湿度95％以上，持续4～6小时，病菌即完成浸染，2～3天就可以发生一代，造成甜（辣）椒的毁灭性损失。易积水的菜地，定植过密，通风透光不良发病重。

防治方法：①前茬收获后及时清洁田园，耕翻土地。②选用早熟避病或抗病品种，如早杂2号、中椒6号、中椒7号、湘研3号等。③培育适龄壮苗，适度蹲苗，定植苗龄以80天左右为宜，不宜过长。④加强田间管理，尤其要注意暴雨后及时排除积水。雨季应控制浇水，严防田间或棚室湿度过高。⑤药剂防治。

在发病初期或发现中心病株时，喷 58％甲霜灵锰锌可湿性粉剂 500 倍液，或 75％百菌清可湿性粉剂 600 倍液，或 50％甲霜铜可湿性粉剂 800 倍液。

（二）甜（辣）椒虫害

甜（辣）的主要虫害有小地老虎、烟青虫、白蜘蛛、蚜虫等。

1. 小地老虎　土名土蚕，是一种杂食性害虫，以幼虫为害植株。在蔬菜中以茄子、番茄、甜（辣）椒、马铃薯等受害最重。3 龄以前的幼虫将幼苗叶子吃成小缺刻或小孔，3 龄以后咬断幼苗近土面的嫩茎，造成缺苗，严重时造成大片缺窝，甚至毁种重播。

小地老虎在全国各地每年发生的代数不等，重庆、成都两地每年发生 4～5 代，以蛹和幼虫在冬季作物及杂草地内越冬，以第一代幼虫发生最多，危害最重，成虫对甜酸气味和黑光灯有强烈的趋性。

防治方法：①诱杀成虫。利用成虫的趋化性和趋光性，用糖、酒、醋液诱蛾盆或黑光灯诱杀。②药剂防治。盛发期可用 90％晶体敌百虫 30 倍液将鲜菜叶拌湿为度，做成毒饵，每亩用毒饵 25 千克，傍晚投放于甜（辣）椒植株周围，也可用 50％辛硫磷 1 500 倍液灌窝。

2. 烟青虫　土名青虫、钻心虫，食性很杂。在蔬菜方面，主要为害甜（辣）椒、番茄、茄子，也能为害瓜类、豆类等。以幼虫咬食叶片、嫩芽和嫩茎，吃成小孔或缺刻，甚至吃光叶肉仅留叶脉，并喜欢钻蛀果实，容易引起病害侵入而腐烂，造成减产和品质降低。

烟青虫在成都地区每年发生 5～6 代，以蛹在土中越冬。成虫白天潜伏在叶背、杂草丛或枯叶中，晚上出来活动，有一定的趋光性和趋甜味性，一般 5～6 月番茄、茄子受害严重，8 月中旬至 9 月上旬甜（辣）椒、茄子受害严重。

防治方法：①人工捕捉幼虫，利用黑光灯诱捕成虫。②药剂防治。在4月中旬可开始进行防治，用20％敌敌畏乳油1 000倍液，或2.5％的溴氰菊酯4 000倍液，或20％的速灭杀丁2 000～3 000倍液，喷雾植株有良好的杀灭效果。每7～10天1次，连续3次。

3. 白蜘蛛 又名茶黄螨、跗线螨。食性杂，主要为害甜（辣）椒、茄子、菜豆、豇豆、蕹菜和瓜类等。白蜘蛛喜群集嫩叶背面吸食汁液，使叶背呈灰褐色或黄褐色、油渍状而有光泽，叶片僵直或叶缘向下卷曲，俗称海椒狗耳朵、油头。白蜘蛛还为害叶柄、幼茎和幼果，使植株生长势减弱，开花结果减少。

白蜘蛛生活周期短，在热带及温带条件下全年都可发生，在田间一般是雌螨多、雄螨少。氮肥施用过多的地块，植株较柔嫩，该虫的危害也往往较重。

防治方法：①药剂防治。从5月下旬开始，可用0.2～0.3波美度的石硫合剂，或75％的克螨特1 500～2 000倍液喷雾植株。②生物防治。白蜘蛛的天敌有小花蝽、长须螨、食螨瓢甲和方头甲等，应注意保护，少用或不用高毒有机农药，以减少天敌的死亡。

第六章

茄果类蔬菜保护地栽培设施

蔬菜设施栽培在我国有一个较长的发展过程，它和其他事物一样也是按照由小到大、由简单到复杂、由低级到高级的规律而发展起来的，这与当时的社会历史背景、经济文化、地理自然环境条件等都有密切关系。概括起来，它经历了地膜覆盖、中小拱棚、塑料大棚、日光温室这几个发展阶段，下面分别介绍这几种塑料薄膜覆盖类型的结构、性能和作用。

第一节　地膜覆盖

薄膜地面覆盖栽培，即采用 0.015～0.02 毫米厚度的聚乙烯塑料薄膜覆盖地面进行农作物栽培。这是在 20 世纪 50 年代发展起来的一项新兴的农作物栽培技术，日本是这项栽培技术研究与应用最早的国家。我国于 1978 年从国外引进，经过试验示范已进入大面积推广应用，主要用于蔬菜、粮食、棉花、烤烟、果树等作物上。尤其是在蔬菜的栽培中广泛应用地膜覆盖，果菜类蔬菜一般均能增加产量 30% 以上，提早上市 5～20 天，对调节市场供应，增加菜农收入起了很大的作用。

一、地膜的种类、特性及效应

（一）地膜种类及特性

用于地面覆盖的塑料薄膜，由于栽培目的不同，所以应选用不同的种类。现较常见的有以下几种。

1. 普通地膜　是无色透明地膜。这种地膜透光性好，覆盖后可使地温提高 2～4℃不仅适用于中国北方低温寒冷地区，也适用于南方早春蔬菜作物的栽培。

2. 有色地膜　在聚乙烯树脂中加入有色物质，可以制得具有不同颜色的地膜，如黑色地膜、绿色地膜和银灰色地膜等。由于它们有不同的光学特性，对太阳辐射光谱的透射、反射和吸收性能不同，因而对杂草、病虫害、地温变化、近地面光照进而对作物生长有不同的影响。

（1）黑色地膜　厚度 0.01～0.03 毫米，每亩用量 7～12 千克。黑色地膜的透光率仅 10%，使膜下杂草无法进行光合作用而死亡，用于杂草多的地区，可节省除草成本。黑色地膜在阳光照射下，虽本身增温快，但因其热量不易下传而抑制土壤增温，一般仅使土壤上层提高 2.0℃左右。因其较厚，故灭草和保湿效果稳定可靠。

（2）绿色地膜　厚 0.015 毫米。绿色地膜可使光合有效辐射的透过量减少，因而对膜下的杂草有抑制和灭杀的作用。绿色地膜对土壤的增温作用不如透明地膜，但优于黑色地膜，有利于茄子、甜椒等作物地上部分生长。

（3）银灰色地膜　又称防蚜地膜，厚度 0.015～0.02 毫米。该地膜对紫外线的反射率较高，因而具有驱避蚜虫、黄条跳甲、象甲和黄守瓜等害虫及减轻作物病毒病的作用。银灰色地膜还具有抑制杂草生长，保持土壤湿度等作用，适用于春季或夏、秋季节防病抗热栽培。用以覆盖栽培黄瓜、番茄、西瓜、甜椒、芹菜、结球莴苣、菠菜等，均可获得良好效果。

（4）黑白双面地膜　是两层复合地膜，一层呈乳白色、覆膜时朝上，另一层呈黑色、覆膜时朝下，厚度 0.02 毫米。每亩用量 10 千克左右。向上的乳白色膜能增强反射光，提高作物基部光照度，且能降低地温 1～2℃；向下的黑色膜有除草、保水功能。该膜主要适用于夏、秋季节蔬菜、瓜类的抗热栽培。除黑白双面地膜外，还有银黑双面地膜。覆膜时银灰色朝上，有反光、避蚜、防病毒病的作用，黑色朝下，有灭草、保墒作用。

不同颜色的地膜保水效应不同，黑色、银灰色、黑白双面等地膜保持土壤水分的能力较无色透明地膜强。

（二）地膜覆盖的效应

地膜覆盖栽培主要有以下几方面的作用。

1. 提高地温　地膜覆盖能够阻止土壤长波辐射和减少气化热的能量消耗，更有效地利用太阳光能，在春季可使耕作层土壤温度提高，重庆、成都两地地膜覆盖后，地温平均比对照增高3～6℃，地膜覆盖对10厘米上下的地温影响最大。随着土层厚度的加深，增温值逐渐减少，而蔬菜作物苗期根群主要集中在10厘米上下的土层，在气温尚低的早春季节，10厘米上下的地温能提高3～6℃，有较高的土温，特别是有效积温可使作物生长进程加快，这对适当提早蔬菜定植，进而提前收获，提早上市，缓和春淡矛盾有着十分重要的意义。

2. 减少水分蒸发，保持土壤湿度　地膜覆盖后，由于毛细管的作用，从土壤不同深度蒸发出来的水分除供应根系吸收外，其余的遇到膜的阻隔，不能大量向大气扩散，被保存在膜内，当温度低时在膜内内壁上结成水珠，又慢慢滴回到土壤中，如此反复，提高了土壤的保水能力，因而覆膜后的土壤能较长期地保持湿润状态。

3. 减少养分流失　由于地膜的保护，避免了大雨冲刷土表，减少养分流失和挥发，并且使土壤长时间保持疏松通气，有利于土壤中的微生物活动，改善了土壤的物理性状，为作物根系发育创造了良好条件。

4. 促进土壤养分分解，增强地力　由于地膜覆盖提高了土温，使土壤微生物活动加强，从而加速了土壤有机质和铵态氮的分解。

同时,地膜覆盖后,减少了害虫入土化蛹的机会,从而减轻了虫害。用银灰色膜覆盖,有驱蚜作用,减少了蚜虫传播病毒的机会;用黑色膜覆盖,则能抑制杂草生长,节省养分消耗。

由于地膜覆盖有以上作用,所以地膜覆盖是一种有效的土壤改良技术或护根栽培措施。在蔬菜塑料大棚和小拱棚覆盖栽培中,也常结合采用地膜覆盖,以增加塑料大、小棚覆盖的保温效果,使蔬菜更加早熟,增产增收。

二、地膜覆盖的应用

1. 露地覆盖 地膜覆盖可用于果菜类、叶菜类、瓜类、草莓等蔬菜作物的春早熟栽培。

2. 设施栽培 地膜覆盖还用于大棚、温室果菜类蔬菜栽培,以提高地温和降低空气湿度。一般在秋、冬、春栽培中应用较多。

3. 蔬菜作物播种育苗 地膜覆盖也可用于各种蔬菜作物的播种育苗,以提高播种后的土壤温度和保持土壤湿度,有利发芽出土。

第二节 塑料小棚

塑料小棚的棚体较小,结构简单,取材方便,成本低廉,是长江中下游地区普遍采用的保护地类型。由于棚体小,建造方便,还可加盖草帘,防冻保温能力优于大棚。

一、塑料小棚的类型

塑料小棚主要有小拱棚和半拱圆形塑料棚两种类型。

小拱棚主要用细竹竿、毛竹片、荆条或直径 6~8 毫米的钢筋等弯成弓形做骨架,在畦的两侧每隔 30~60 厘米插入土中,上面覆盖塑料薄膜,用压膜线或竹竿压紧薄膜,成为一种拱圆形的覆盖棚。棚宽 1.5～3 米，棚高 1～1.5 米，棚长根据地块大小而定，生产上多为东西方向延长建造。小拱棚在我国南方应用较多（图 6-1）。

半拱圆形塑料棚是在小拱棚的基础上经过改进而成的。在覆盖畦的北侧筑高 1 米左右、上宽 30 厘米、下宽 45～50 厘米的土墙，拱架的一端固定在土墙上，另一端插在覆盖畦南侧土中。骨架外覆盖薄膜，夜间加盖草帘防寒保温，棚宽 3 米左右，棚高 1.3～1.5 米。在上薄膜时应注意在南侧离地约 60 厘米高处留放风口。另在土墙离地 30 厘米高处，每隔 3 米开一通风口，以便棚内空气对流，这对春季蔬菜育苗、栽培是非常必要

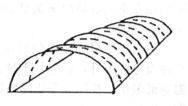

图 6-1　小拱棚

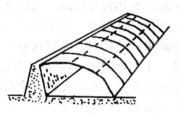

图 6-2　半拱圆形塑料棚

的。这种类型的小棚在我国北方应用较多（图 6-2）。

二、小拱棚的性能

1. 温度　小拱棚的热源来自阳光，因此棚内的气温也随外界气候的变化而改变。同时受薄膜性能所限，温度变化有其局限性。一般来说，小拱棚加盖草帘后 1～4 月的平均温度比露地高 4.2～6.2℃。9 月下旬至 11 月上旬比露地高 0.2～1.4℃。外界气温升高，棚温也高；外界气温下降，棚温随之降低，甚至会出现零下低温。

（1）小拱棚内温度日变化　由于小拱棚的空间小，薄膜覆盖后随着外界气温的变化而升降。晴天时增温效果显著，阴雨雪天时效果较差。如在 4 月下旬晴天最高温度可达 33.5℃（放风情

195

况下），最低为 8.8℃，温差达 24.7℃；4 月上旬阴天最高温度
14.8℃，最低温度 8.5℃，温差 6.3℃。晴天温度高，温差大；
阴天温度低，温差小。在一般情况下昼夜温差可达 20℃左右。
小拱棚在密闭的情况下最高温可升到 40℃以上，因此需注意防
止高温危害。

一天当中早晨太阳照射在棚面上，棚内开始升温，10 时以
后棚温急剧上升，到中午 1 时达到最高点，午后到太阳降落前棚
温降低最快。夜间降温比露地缓慢。晴天时棚温变化急剧，阴天
变化徐缓。

（2）小拱棚内不同位置的温度差异　在小拱棚的空间内，由
于辐射和热传导借助对流的方法进行着复杂的热交换，因而使棚
内产生局部温差。早上揭开草帘前，棚温比较均匀，由于土壤向
空间进行热辐射，使空气发生对流，因而棚顶温度高，地面温度
低，上下相差 3～4℃，揭帘后由于阳光的增温作用，使棚内气
温发生变化，在阳光的对应点形成高温中心，中午前后高温中心
移到地面，土壤开始蓄热，呈现下层温度高于上层。棚内水平温
差的差度比垂直方向的变化剧烈，变化最大的是距地面 30～40
厘米处的空间。夜间覆盖草帘后由于对流现象的调整，棚温趋向
稳定，晚上 9 时前仍是下层高，这以后到次日清晨 7 时将又进行
变化。

当棚内植株长高后，棚内气流稳定，辐射对流受到影响，棚
内局部温差变小。但是小拱棚空间小，温度变化复杂，局部温差
较大，为了改变这种局面，应注意通风进行调整。

（3）棚内土壤温度　棚内土温是随棚温的变化而变，同样也
存在着季节、天气和日变化，并有局部温差。在一般情况下，棚
内土温比露地高 5～6℃，随着气温的增高地温逐渐上升。秋季
棚内土壤温度一般比露地土壤温度高 1～3℃。

2. 湿度　薄膜的气密性较强，由于土壤蒸发和植物的蒸腾，
因而棚内空气湿度较高。白天在通风时，棚内相对湿度为 40%～

60％，夜间密闭时可达90％以上。棚内相对湿度的变化是随着气温的升高而降低；气温降低而湿度增高。晴天时湿度低、变化大，阴雨雪天湿度高而变化趋于稳定。

3. 光照　小拱棚内的受光状况，决定于薄膜的质量和新旧程度，也和薄膜吸尘、结露有关。新薄膜的透光率应不少于80％。使用几个月以后，由于各种原因使透光率减少到40％～50％，污染严重时光量还要少。棚内的光照一般来说差异比较少。

现在人们在地膜覆盖的基础上加盖小拱棚，使小拱棚内的温度条件，尤其是地温进一步改善。小拱棚加地膜覆盖多用于春季早熟栽培，可栽培瓜类、茄果类、豆类等喜温蔬菜。

第三节　塑料中棚

塑料中棚与塑料小拱棚间没有明显的界线，一般把宽3～7米、中高1.5～1.8米、长10米以上的塑料薄膜棚称为中棚。中棚可以入内操作，面积在300米² 以内。塑料中棚建造方便，为临时性保护设施，各地广为利用。

一、塑料中棚的类型

塑料中棚的种类很多，根据所用的架材和支柱可分为如下几类。

1. 竹木结构中棚　这类中棚的支架均为竹竿、竹片或木杆组成。根据中间支柱的多少又分为单排柱竹木结构中棚和双排柱竹木结构中棚两种。

2. 钢架结构中棚　这类中棚的支架全部或一部分用钢材组成。根据所用的材料规格和支柱的有无，又可分为无柱中棚和有柱中棚两种。

二、塑料中棚的性能及应用

塑料中棚的性能与塑料小拱棚基本相似。由于其空间大，热容量大，故内部气温比小拱棚稳定。华北地区 1 月棚内气温在 0℃左右，适于喜温蔬菜的春早熟、秋延后栽培，也可用于耐寒蔬菜的越冬栽培。

第四节　塑料大棚

塑料大棚是用骨架支撑起来的塑料薄膜保护设施，没有墙基、墙体，一般不覆盖草苫子。塑料大棚的高度在 1.8 米以上，跨度 7～12 米，每个面积在 300 米² 以上，人可入内操作管理。由于其结构简单，建造容易，投资少，土地利用率高，操作方便，所以广大农民很容易接受利用。在 20 世纪 70 年代末期、80 年代初期，塑料大棚在我国北方地区迅速发展，至今虽被日光温室冲击，但它仍不失为一种良好的蔬菜保护设施。在蔬菜保护地栽培中仍占有重要的一席。

一、塑料大棚的类型

塑料大棚在应用发展过程中，形成了多种类型。根据大棚屋顶的形状可分为拱圆形、屋脊形、单栋形、连栋形。根据塑料大棚的建筑材料可分为竹木结构、水泥结构、钢筋结构、混合结构及装配式钢管结构等。目前常用的大棚种类如下。

1. 竹木结构大棚　这种大棚的建筑材料来源方便，成本低廉，由于支架多，较牢固，抗风雪压力。其缺点是支架过多、遮光、光照条件不好，棚内作业不便。

2. 悬梁吊柱竹木大棚　这种大棚是在竹木结构大棚的基础上发展起来的。主要包括立柱、拉杆、小支柱、拱杆、压杆、塑料薄膜、压膜线等部分。悬梁吊柱大棚减少部分支柱，降低造价，棚内作业较方便。其最大优越性是塑料薄膜在两拱杆间为悬空状态，压膜线可以压得很紧，雨雪可以顺利地流到地上，改变了竹木结构大棚棚面易积水的缺点。

3. 水泥柱拉筋竹拱棚　这种大棚是由竹木结构大棚发展来的。其纵梁有 2 种：一是 6 号钢筋；一是单片花梁。大棚的建造简单，支柱较少，棚内作业方便，遮光较少。

4. 无柱钢架大棚　这种大棚的拱杆、拉杆均用钢管或圆钢焊成的弧形平面桁架或三角桁架制成。全棚无立柱，宽 12 米，中高 2.8 米，长 40～60 米。无柱钢架大棚棚内无立柱，结构合理，跨度大，透光良好，便于操作管理，棚架坚固，抗风雪力强，使用寿命长。其缺点是造价高，投资太多。

5. 水泥预制件组装式大棚　这种大棚的骨架全部由水泥预制件拱杆与水泥柱组装而成。拱杆的型式很多，目前常用的是双层空心弧形拱架预制件组装大棚。棚宽 12～16 米，矢高 2～2.5 米，长 30～40 米，面积 500～600 米^2。水泥预制件组装式大棚的棚体坚固耐久，寿命长，抗风雪力强，内部空间大，操作管理方便。缺点是棚体太重，搬迁困难，遮光量较大。

6. 装配式镀锌钢管大棚　这种大棚的骨架由镀锌薄壁钢管制成，还有拱杆、纵筋、卡膜槽、卡膜弹簧、棚头、门、通风装置等。大棚全部骨架由工厂定型设计出标准产品，运至现场安装而成。镀锌钢管大棚结构合理，坚固耐用，抗风雪力强，搬迁组装方便，无立柱，田间管理方便。其缺点是造价较高。

二、塑料大棚的性能

塑料大棚由于较高大，一般不覆盖草苫子等保温覆盖物。因此，光照条件优越，棚内的光照时间与露地相同。棚内的温度条件较差，夜间棚内的最低气温比露地高 3℃。当露地气温稳定地超过—3℃时，棚内的最低气温才能稳定地通过 0℃。华北地区在 2 月的晴天中午，棚内气温可维持在 25℃以上，3 月中下旬后，才能保证棚内没有 0℃的低温。所以，塑料大棚在华北地区只能用于喜温蔬菜的春早熟、秋延后栽培，在棚内再加小拱棚的条件下，也可作耐寒蔬菜的越冬栽培用。

塑料棚的增温和保温效果与塑料薄膜的种类有关。目前蔬菜生产上常用的有聚氯乙烯和聚乙烯两种薄膜。聚氯乙烯薄膜的保温性能较好、耐老化，但易生静电，吸尘性强，影响其透光率；聚乙烯薄膜不易吸尘、透光率较好。薄膜的透光性较好，但因其质量不同差异较大。如果以露地的光照为 100%，干净的玻璃能透光 90.5%，透明膜和新膜透光 90%～93.1%，而经过一段时间后，由于灰尘和水滴的原因，透光率可减少 30%～40%，因此在使用塑料棚育苗期间要防止灰尘污染和水滴积聚，必要时就洗刷棚面。

总之，华北地区的蔬菜塑料大棚种类较多，发展面积较大，虽然光照条件较好，但因不能覆盖草苫子保温，而北方冬季外面的气温低，所以棚内的温度条件不好，使其使用受到了限制，而让位于造价较高，而温度条件好的日光温室。

三、钢管塑料大棚的安装

目前在我国南方使用较多的钢管大棚，有上海生产的上海联合-6 型钢管塑料管棚（6 米宽、30 米长，以下简称联合 6 型管棚）、杭州温室设备厂生产的光明牌 GP-C622 型（6 米宽、30 米长）及 GP-C4.522 型（4.5 米宽、20 米长）装配式镀锌薄壁钢管塑料大棚。这是根据长江流域气候特点和园艺植物种植需要而研制的。具有结构实用、整体防锈性能、排雨雪和通风性好、装拆方便等优点。下面以联合 6 型管棚为例，简述其棚架的结构和安装要点。

（一）钢管大棚的结构

联合 6 型管棚的结构主要包括：

1. 棚体骨架　由拱杆、拉杆、棚头立柱、斜拉撑、拱联接管、卡槽等组成。它是棚的主体，主要保证管棚的抗风雪能力。

2. 联接卡具　有管槽固定卡与楔形卡、U 形卡与 V 形卡压板；钢丝头、夹箍、压膜卡钢丝固定夹与联接头，主要用于棚体骨架各零件之间的联接和固定，以保证棚体有足够的强度和刚度。

3. 门　有单门和双门各一副，主要解决操作人员和机具的进出。

4. 摇膜机构　由拉杆、万向节、活动管、手柄焊合等组成，主要作用为使棚肩部的薄膜开闭，以改善棚内的小气候。

5. 压膜线张紧机构　由拉杆、压膜线夹、压膜线、螺旋桩等组成，主要压紧棚顶薄膜，起到保护薄膜和有利于泻雨雪下泻的作用。

（二）棚的安装

1. 安装前的准备　先了解熟悉棚的主要技术参数，结构及安装尺寸。再根据零部件、标准件和外购清单，检查零件是否齐全，拱杆、拉杆等主要零件在运输过程中是否变形。若有，安装前应进行修复、校正，最后按所需安装方向绷好两根长为 30 米、间距为 6 米的平行基准线。

2. 棚架的安装步骤　棚架的安装步骤有棚体安装（包括棚头安装、拱杆的安装、卡槽的安装、斜拉撑的安装、钢丝固定夹、包塑钢丝和联接头的安装）、门安装、薄膜安装、摇膜机构安装、压膜线张紧机构安装等，具体安装方法可参见产品的使用说明书。

（三）塑料薄膜的连接和修补

覆盖棚架的薄膜各部分裁剪尺寸如表 6-1。

表6-1 联合6型管棚塑料薄膜的大小和数量

位置	长×宽（米）	数量
顶部	33×8	1
裙部	31×1.1	2
底部	31×0.9	2

塑料薄膜用于大棚覆盖时常须连接，通常采用焊接的方法。聚氯乙烯膜焊接或热补的温度约为130℃，聚乙烯约为110℃，因此可用110~200瓦的电烙铁或200℃的电熨斗连接。具体方法是：准备一根宽3~4厘米的平直木板条，将准备连接的两块薄膜的边（要求无灰尘水滴）重叠在木板条上，拉紧拉平，上面铺一层牛皮纸或旧报纸，用已热的电烙铁或电熨斗放在纸上，稍用力下压并慢慢移动，使纸下的薄膜受热熔化粘接在一起，待冷却后即可使用。

对整块薄膜中的破洞或裂缝，因不便于焊接，可用黏合剂修补。聚氯乙烯膜用环乙酮修补。先将少量新的聚氯乙烯膜剪碎后放在环乙酮中，使薄膜溶解或成稀糊状，分别涂在待黏的薄膜上，稍干后用力压在一起即可。聚乙烯膜可用XY-404黏合剂修补，方法同前。先将补丁和修补处分别用刷子涂上黏合剂，晾5~10分钟后用力压平压牢。XY-404也可修补聚氯乙烯。修补时应区分是聚氯乙烯还是聚乙烯，以便选用不同的黏合剂。区别方法是：聚氯乙烯见火卷缩、聚乙烯见火一滴滴往下掉。

四、竹拱简易塑料棚的建造和应用

钢管塑料大棚一次性投资较大，在西部较贫困地区还不易推广。南方竹类资源丰富，在农村可就地取材，用竹子建造塑料大棚，进行蔬菜的育苗和早熟栽培。

（一）建棚技术

在农村，人们一般选用斑竹或白荚竹建造塑料大棚，用斑竹建造蔬菜大棚，首先要选择斑竹，要求竹长3～4米，粗（指竹子中部直径）为2.0～7.0厘米，削光竹节。其次要选择好地块，要求避风向阳、排水条件好的地块，在长度为20米以上，宽度为3.5～4.5米地块的长边上，每隔60～100厘米，用钢钎（直径3.0厘米左右）扎孔35厘米左右深度，把斑竹的根端插进孔穴内，然后将相对应的两根竹子弯曲成一半圆形弓，搭头处先用铁丝扎紧，再用废旧薄膜裹好，以防竹尖戳破棚膜，要求弓顶与地沟间高为1.7～1.8米，最后用三道竹竿将每个半圆形连成一体，盖上薄膜，即成斑竹塑料大棚。

用斑竹建造大棚每亩需要约400千克斑竹，3个工日。用白荚竹建造大棚每亩需要360千克竹子，3个工日。

（二）简易竹拱塑料棚的优点

1991年江苏省宜兴市对竹拱棚和钢架大棚的投资效益进行了比较，认为建竹拱简易塑料棚（简称竹拱棚）有明显的经济效益和社会效益。

1. 投资省 竹拱棚的主要材料是小竹子、薄膜、压膜绳，每亩年折旧分别为357.76元、576.27元、35.73元、合计969.76元。比钢架大棚1 637.86元节约668.10元，即减少40.79%，见表6-2。从表中看出竹拱棚，一次性投资较少，每亩总投资1 472.40元，而钢架大棚每亩总投资7 340.80元，为竹拱棚的5倍多。

2. 效益高 竹拱棚、钢架棚与露地栽培的总产量相差不远，但效益有十分明显的差异。竹拱棚、钢架棚栽培，由于成熟早、上市早、价格高，产值是露地的2倍多。据宜兴市张渚镇5户竹拱棚，育苗场1个钢架棚、二户露地栽培番茄的记载，其平均经济效益，竹拱棚与钢架棚相比，由于年折旧竹拱棚是钢架棚的59.21%，而且一次性投资少，当年能全部收回，亩净收入为3 743.24元，比钢架棚的3 022.13元净增720.11元，增收24%，比露地1 815元增加1 927.24元，增收 106％，见表 6-3。

表 6-2　竹拱棚与钢架大棚投资对照表

类型		竹拱大棚		钢架大棚		备注
净面积		200 米²	折合成亩	333.5 米²	折合成亩	
骨架	元	128.80	429.33	3 200	6 400	
	使用寿命（年）	1.2		6		
	年折旧（元）	107.33	357.76	533.33	1066.67	
薄膜	元/千克	259.32/36	864.40/120	410.40/57	820.80/114	
	使用寿命（年）	1.5		1.5		
	年折旧（元）	172.88	576.27	273.60	547.20	
压膜绳	元	53.6	178.67	60	120	
	使用寿命（年）	5		5		
	年折旧（元）	10.72	35.73	12	24	
年折旧合计（元）		290.32	969.76	818.93	1 637.87	
一次投资合计		441.72	1 472.40	3 670.40	7 840.80	

表 6-3　竹拱棚钢架棚露地三者经济效益比较

种植环境	始收（月·日）	终收（月·日）	最高价（元/千克）	平均价（元/千克）	亩产量（千克）	亩产值（元）	材料折旧（元）	管理成本（元）	净收入（元）
竹拱	5.8	7.15	0.90	0.30	4 310	5 172	969.76	560	3 742.24
钢架	5.8	7.16	0.90	0.30	4 350	5 220	1 637.87	460	3 022.13
露地	5.23	7.20	0.475	0.125	4 550	2 275	0	460	1 815

3. 用途广　在"科技兴菜"的引导下，菜农对早熟栽培已有所认识，希望投入少一点、效益高一点。竹拱棚不仅符合这种愿望，而且搭建规模可以随田块的大小作合理的调整，比钢架棚灵活。春季早熟栽培后，竹拱可拆卸保存，延长使用寿命，第二年可根据茬口和田块再作调整，搬迁方便，是菜农容易接受的一项新技术。

当地菜农利用竹拱棚，在蔬菜育苗、越冬栽培、早熟栽培、多茬栽培中都取得了理想的效益。

由于竹拱棚具有以上优点，在四川全省各地也普遍推广（图6-3）。在茄果类蔬菜育苗和早熟栽培中起着重要的作用，取得了显著的经济效益。

图6-3 四川的楠竹大棚

第五节 日光温室

日光温室是用较大的投资，较多的设施，有地基、墙体的透光建筑物，创造一个能人工控制较多的环境条件，解决周年生产问题的一种保护设施。温室中有人工加温类型，也有纯粹利用日光能保持温度条件的类型，这称为日光温室。目前国内温室中90％以上的是塑料薄膜日光温室。日光温室在华北等地区冬季不用加温便可以进行茄果类和黄瓜等喜温作物的越冬栽培，既节约能源，又有很高的经济效益，因此国内发展速度十分快。日光温室几乎使绝大多数蔬菜都能进行越冬栽培，解决了蔬菜周年供应问题，其很高的经济效益也成了广大菜农致富的重要门路。

一、日光温室的类型

由于温室的历史悠久，发展迅速，因此种类异常繁多。按外形可分为7类：单窗面温室、双窗面温室、三折面温室、半拱圆形温室、屋脊形温室、连栋形温室、其他异形温室（主要用于观赏、科研）。按温室的温度条件可分为高温温室和低温温室。高温温室又有人工加温和不加温的日光温室两种。高温温室的墙体较厚，保温性能好，跨度小，日光入射量大，寒冬室内温度高。一般最低气温不低于10℃，可进行黄瓜、番茄等喜温蔬菜的越冬栽培。其经济效益很高，我国北方利用较多（图6-4）。低温温室又叫春用型温室，其跨度大，日光入射量小，温度条件较低，寒冬仅能维持在0℃以上。由于土地利用率高，建造省钱，所以生产面积也很大。多用于喜温蔬菜的秋延迟和春早熟栽培，也可用于耐寒蔬菜的越冬栽培。

图6-4　北方的日光温室

二、目前生产上常用的日光温室结构及性能

目前生产上常用的日光温室有单坡面温室、双折面温室、琴弦式日光温室、微拱式日光温室、三折面日光温室、无前柱钢竹混合结构日光温室、全钢拱架日光温室、装配式镀锌钢管温室、

无后坡日光温室等，其结构及性能请参看宋元林的《蔬菜多茬立体周年栽培手册》和张福墁的《设施园艺学》。

三、日光温室建造应注意的事项

日光温室是一个投资较大的保护设施。山东省建一个高温型日光温室每亩约需 1 万余元。对菜农来说这是一个不小的数字。为此，在建造前应周密考虑，根据当地的气候条件、已有的建筑材料、用途来确定适当的型式。在华北地区，如用于喜温蔬菜的越冬栽培日光温室，一般跨度为 6～8 米、东西长 50～80 米、中高 3 米左右、后坡 1.2～1.5 米、北墙厚 0.8～1 米。如果钢材不方便，可用水泥预制立柱，竹竿作拱架，上覆稻草苫子。如用于耐寒蔬菜的越冬栽培，或用于喜温蔬菜的春早熟、秋延迟栽培的日光温室，一般跨度为 8～10 米、中高 2.5 米左右，其他同上述日光温室。

凡竹木材料方便的地区，尽量利用竹木结构；钢材方便、投资较多的地方可用钢架结构；其他地方尽量用水泥预制结构。

在高纬度地区，温室的高度可适当增加至 3～3.5 米，跨度减少至 6 米，以此改善光照条件，提高室内温度。

建温室的场地应交通方便，电力、灌水、排水设备齐全。还应选择冬季寒风小的背风向阳处。温室应避开有工业废水、废气污染的地区。

日光温室的东、西、南三面不应有高大的建筑物和树木，以免遮挡阳光。土壤应疏松、肥沃、富含有机质、地下水位较低为佳。温室均为东西延长、坐北朝南。在高纬度地区，早上多雾地区，温室应向西偏 5°以利用下午的光照，这称为抢阴性温室。在华北及温暖地区，早上雾少时，温室应偏东 5°，以充分利用蔬菜光合产物 70% 在上午形成的特性，这称为抢阳性温室。

建造温室群时，温室的南北间距以 6～8 米为宜。

四、日光温室的性能及应用

日光温室有很强的利用日光增温和保温能力。保温性能良好的日光温室在寒冬室内外温差可达 18℃以上，亦即在－18℃的外界低温条件下温室内的气温仍在 0℃以上，可保喜温蔬菜不受冻害，所以在华北地区可作喜温蔬菜的越冬栽培。在东北高纬度地区寒冬，利用日光温室进行喜温蔬菜的越冬栽培应进行短时间加温。

日光温室的建造投资较塑料大棚高，为了尽快收回成本，增加效益，需要精心管理，采用一切高效益措施。因而茄果类蔬菜的早熟栽培和越冬栽培在日光温室中应用普遍，应用也适宜，经济效益也很高。

附　录　一

中华人民共和国农业行业标准

无公害食品　茄果类蔬菜

1　范围

本标准规定了无公害食品茄果类蔬菜的定义、要求、试验方法、检验规则、标志、包装、运输和贮存。

本标准适用于无公害食品茄果类蔬菜番茄、茄子和青椒。

2　规范性引用文件

下列文件中的条款通过本标准的引用而成为本标准的条款。凡是注日期的引用文件，其随后所有的修改单（不包括勘误的内容）或修订版均不适用于本标准，然而，鼓励根据本标准达成协议的各方研究是否可使用这些文件的最新版本。凡是不注日期的引用文件，其最新版本适用于本标准。

GB/T 5009.11　食品中总砷的测定方法

GB/T 5009.12　食品中铅的测定方法

GB/T 5009.15　食品中镉的测定方法

GB/T 5009.17　食品中总汞的测定方法

GB/T 5009.18　食品中氟的测定方法

GB/T 5009.20　食品中有机磷农药残留量的测定方法

GB/T 5009.38　蔬菜、水果卫生标准分析方法

GB/T 8855　新鲜水果和蔬菜的取样方法

GB 14875　食品中辛硫磷农药残留量的测定方法

GB 14876　食品中甲胺磷和乙酰甲胺磷农药残留量的测定方法

GB 14877　食品中氨基甲酸酯类农药残留量的测定方法

GB 14878　食品中百菌清残留量的测定方法

GB/T 14973　食品中粉锈宁残留量的测定方法

GB/T 15401　水果、蔬菜及其制品亚硝酸盐和硝酸盐含量的测定

GB/T 17332　食品中有机氯和拟除虫菊酯类农药多种残留的测定

中华人民共和国农药管理条例

3　术语和定义

下列术语和定义适用于本标准。

3.1　同一品种　same variety

果实具有本品种形状、色泽、风味、大小等典型性状。

3.2　成熟度　maturity

果实成熟的程度。

3.3　果形　fruit shape

果实具有本品种固有的形状。

3.4　新鲜　freshness

果实有光泽、硬实、不萎蔫。

3.5　果面清洁　cleanness of fruit surface

果实表面不附有污物或其他外来物。

3.6　腐烂　decay

由于病原菌的侵染导致果实变质。

3.7　整齐度　uniformity

同一批果实大小相对一致的程度。用样品平均单果质量乘以（1±8%）表示。

3.8　异味　undesirable odor

因栽培或贮运环境的污染所造成的不良气味和滋味。

3.9　灼伤　heat injury

果实因受强光照射使果面温度过高而造成的伤害，果面出现褪色的水渍状斑。

3.10 冻害 freezing injury

果实在冰点或冰点以下的低温中发生组织冻结，无法缓解所造成的伤害。

3.11 病虫害 disease and pest injury

果实生长发育过程中由于病原菌和害虫的侵染而导致的伤害。

3.12 机械伤 mechanical wound

果实因挤、压、碰等外力所造成的伤害。

4 要求

4.1 感官

无公害茄果类蔬菜的感官应符合表1的规定。

表1 无公害茄果类蔬菜感官要求

项目	品 质	规格	限度
品种	同一品种	规格用整齐度表示。同规格的样品其整齐度应≥90%	每批样品中不符合感官要求的，按质量计总不合格率不得超过5%
成熟度	果实已充分发育，种子已形成（番茄、辣椒）；果实已充分发育，种子未完全形成（茄子）		
果形	只允许有轻微的不规则，并不影响果实的外观		
新鲜	果实有光泽、硬实、不萎蔫		
果面清洁	果实表面不附有污物或其他外来物		
腐烂	无		
异味	无		
灼伤	无		

（续）

项目	品　　质	规格	限度
裂果	无（指番茄）	规格用整齐度表示。同规格的样品其整齐度应≥90%	每批样品中不符合感官要求的，按质量计总不合格率不得超过5%
冻害	无		
病虫害	无		
机械伤	无		

注1：成熟度的要求不适用于2,4-D和番茄灵等化学处理坐果的番茄果实。

注2：腐烂、裂果、病虫害为主要缺陷。

4.2　卫生

卫生要求应符合表2的规定

表2　无公害茄果类蔬菜卫生指标

序号	项　　目	指标 mg/kg
1	六六六（BHC）	≤0.2
2	滴滴涕（DDT）	≤0.1
3	乙酰甲胺磷（acephate）	≤0.2
4	杀螟硫磷（fenitrothion）	≤0.5
5	马拉硫磷（malathion）	不得检出
6	乐果（dimethoate）	≤1
7	敌敌畏（dichlorvos）	≤0.2
8	敌百虫（trichlorfon）	≤0.1
9	辛硫磷（phoxim）	≤0.05
10	喹硫磷（quinalphos）	≤0.2
11	溴氰菊酯（deltamethrin）	≤0.2
12	氰戊菊酯（fenvalerate）	≤0.2
13	氯氟氰菊酯（cyhalothrin）	≤0.5
14	氯菊酯（permethrin）	≤1

（续）

序号	项　　目	指标 mg/kg
15	抗蚜威（pirimicarb）	≤1
16	多菌灵（carbendazim）	≤0.5
17	百菌清（chlorothalonil）	≤1
18	三唑酮（triadimefon）	≤0.2
19	砷（以 As 计）	≤0.5
20	铅（以 Pb 计）	≤0.2
21	汞（以 Hg 计）	≤0.01
22	镉（以 Cd 计）	≤0.05
23	氟（以 F 计）	≤0.5
24	亚硝酸盐	≤4

注1：粉锈宁通用名为三唑酮。

注2：出口产品按进口国的要求检测。

注3：根据《中华人民共和国农药管理条例》，剧毒和高毒农药不得在蔬菜生产中使用，不得检出。

5　试验方法

5.1　感官要求的检测

5.1.1　品种特征、成熟度、果形、新鲜、果面清洁、腐烂、灼伤、冻害、病虫害及机械伤害等，用目测法检测。

病虫害有明显症状或症状不明显而有怀疑者，应取样用小刀纵向解剖检验，如发现内部症状，则需扩大一倍样品数量。

5.1.2　整齐度的测定：用台秤称量每个样品的质量，按式（1）计算出平均质量$\overline{X}$。

$$\overline{X}=(X_1+X_2+\cdots+X_n)/n \cdots\cdots\cdots\cdots (1)$$

式中：

$\overline{X}$——样品的平均质量，单位为克（g）；

X_n——单个样品的质量，单位为克（g）；

n——所检样品的个数，单位为个。

5.2　卫生要求的检测

5.2.1　六六六、滴滴涕、溴氰菊酯、氰戊菊酯、氯菊酯、氯氟氰菊酯

按 GB/T 17332 规定执行。

5.2.2　乙酰甲胺磷

按 GB 14876 规定执行。

5.2.3　杀螟硫磷、乐果、马拉硫磷、敌敌畏、喹硫磷、敌百虫

按 GB/T 5009.20 规定执行。

5.2.4　辛硫磷

按 GB 14875 规定执行。

5.2.5　抗蚜威

按 GB 14877 规定执行。

5.2.6　百菌清

按 GB 14878 规定执行。

5.2.7　多菌灵

按 GB/T 5009.38 规定执行。

5.2.8　三唑酮

按 GB/T 14973 规定执行。

5.2.9　砷

按 GB/T 5009.11 规定执行。

5.2.10　铅

按 GB/T 5009.12 规定执行。

5.2.11　镉

按 GB/T 5009.15 规定执行。

5.2.12　汞

按 GB/T 5009.17 规定执行。

5.2.13　氟

按 GB/T 5009.18 规定执行。

5.2.14 亚硝酸盐

按 GB/T 15401 规定执行。

6 检验规则

6.1 检验分类
6.1.1 型式检验

型式检验是对产品进行全面考核，即对本标准规定的全部要求进行检验。有下列情形之一者应进行型式检验。

a）申请无公害食品标志或进行无公害食品年度抽查检验；

b）出口蔬菜、产品评优、国家质量监督机构或行业主管部门提出型式检验要求；

c）前后两次抽样检验结果差异较大；

d）因人为或自然因素使生产环境发生较大变化。

6.1.2 交收检验

每批产品交收前，生产单位都要进行交收检验。交收检验内容包括感官、标志和包装。检验合格后并附合格证方可交收。

6.2 组批检验

同产地、同规格、同时收购的茄果类蔬菜作为一个检验批次。批发市场同产地、同规格的茄果类蔬菜作为一个检验批次。农贸市场和超市相同进货渠道的茄果类蔬菜作为一个检验批次。

6.3 抽样方法

按照 GB/T 8855 中的有关规定执行。

报验单填写的项目应与实货相符，凡与实货不符，品种、规格混淆不清，包装容器严重损坏者，应由交货单位重新整理后再行抽样。

6.4 包装检验

应按第 8 章的规定进行。

6.5 判定规则

6.5.1 每批受检样品抽样检验时。对不符合感官要求的样品做各项记录。

如果一个样品同时出现多种缺陷，选择一种主要的缺陷，按一个残次品计算。不合格品的百分率按式（2）计算，计算结果精确到小数点后一位。

$$X = m_1/m_2 \quad\cdots\cdots\cdots\cdots\cdots\cdots\cdots\cdots \quad (2)$$

式中：

X——单项不合格百分率，单位为百分率（%）；

m_1——单项不合格品的质量，单位为克（g）；

m_2——检验批次样本的总质量，单位为克（g）。

各单项不合格品百分率之和即为总不合格品百分率。

6.5.2 限度范围：每批受检样品，不合格率按其所检单位（如每箱、每袋）的平均值计算，其值不得超过所规定的限度。

如同一批次某件样品不合格品百分率超过规定的限度时，为避免不合格率变异幅度太大。规定如下：

规定限度总计不超过 5% 者，则任一件包装不合格品百分率的上限不得超过 10%。

6.5.3 卫生指标有一项不合格，该批次产品为不合格。

6.5.4 复验：该批次样本标志、包装、净含量不合格者，允许生产单位进行整改后申请复验一次。感官和卫生指标检测不合格不进行复验。

7 标志

7.1 包装上应明确无公害食品标志。

7.2 每一包装上应标明产品名称、产品的标准编号、商标、生产单位（或企业）名称、详细地址、产地、规格、净含量和包装日期等，标志上的字迹应清晰、完整、准确。

8 包装、运输、贮存

8.1 包装

8.1.1 用于产品包装的容器如塑料箱、纸箱等应按产品的大小规格设计，同一规格应大小一致，整洁、干燥、牢固、透气、美观、无污染、无异味、内壁无尖突物，无虫蛀、腐烂、霉变等，纸箱无受潮、离层现象。塑料箱应符合相关标准的要求。

8.1.2 按产品的品种、规格分别包装，同一件包装内的产品需摆放整齐紧密。

8.1.3 每批产品所用的包装、单位质量应一致，每件产品包装净含量不得超过 10kg，误差不超过 2%。

8.1.4 包装检验规则：逐件称量抽取的样品，每件的质量应一致，不得低于包装外标志的质量。根据整齐度计算的结果，确定所抽取样品的规格，并检查与包装外所示的规格是否一致。

8.2 运输

运输前应进行预冷。运输过程中注意防冻、防雨淋、防晒、通风散热。

8.3 贮存

8.3.1 贮存时应按品种、规格分别贮存。

8.3.2 贮存条件：番茄应保持在 6℃～10℃，空气相对湿度保持在 90%；带果柄的辣椒应保持在 8℃～10℃，空气相对湿度保持在 85%～90%；茄子应保持在 7℃～10℃，空气相对湿度保持在 85%～90%。

8.3.3 库内堆码应保证气流均匀流通。

附　录　二

中华人民共和国农业行业标准

无公害食品　番茄露地生产技术规程

1　范围

本标准规定了无公害番茄露地生产技术管理措施。

本标准适用于露地番茄无公害生产。

2　规范性引用文件

下列文件中的条款通过本标准的引用而成为本标准的条款。凡是注日期的引用文件，其随后所有的修改单（不包括勘误的内容）或修订版均不适用于本标准，然而，鼓励根据本标准达成协议的各方研究是否可使用这些文件的最新版本。凡是不注日期的引用文件，其最新版本适用于本标准。

GB 4285　农药安全使用标准

GB/T 8321（所有部分）　农药合理使用准则

GB 16715.3—1999　瓜菜作物种子　茄果类

NY 5005　无公害食品　茄果类蔬菜

NY 5010　无公害食品　蔬菜产地环境条件

3　术语和定义

下列术语和定义适用于本标准。

3.1　日光温室

由采光和保温维护结构组成，以塑料薄膜为透明覆盖材料，东西向延长，在寒冷季节主要依靠获取和蓄积太阳辐射能进行蔬菜生产的单栋温室。

3.2　塑料棚

采用塑料薄膜覆盖的拱圆形棚，其骨架常用竹、木、钢材或复合材料建造而成。

3.3　连栋温室

以塑料、玻璃等为透明覆盖材料，以钢材为骨架，二连栋以上的大型保护设施。

3.4　改良阳畦

由保温和采光维护结构组成，东西向延长的小型简易保护设施。

3.5　温床

依靠生物能、电能或其他热源提高床土温度进行育苗的设施。

3.6　土壤肥力

土壤为植物生长发育所提供和协调营养与环境条件的能力。

4　产地环境

要选择地势高燥，排灌方便，地下水位较低，土层深厚、疏松、肥沃的壤土的地块，并符合 NY 5010 的规定。

5　生产技术管理

5.1　育苗设施的规格要求

5.1.1　塑料小棚：矢高 0.6m～1m，跨度 1m～3m，长度不限。

5.1.2　塑料中棚：矢高 1.5m～2m，跨度 4m～6m，长度不限。

5.1.3　塑料大棚：矢高 2.5m～3m，跨度 6m～12m，长度 30m～60m。

5.1.4　连栋温室：单栋跨度 6m～9m、脊高 4.0m～6.0m，二连栋以上的大型保护设施。

5.1.5　改良阳畦：跨度约 3m，高度约 1.3m。

5.1.6 温床：跨度约 3m。高度约 1.3m。

5.2 土壤肥力等级划分

根据土壤中的有机质、全氮、碱解氮、有效磷、有效钾等含量高低而划分的土壤肥力等级。具体等级指标见表1。

表1 菜田露地土壤肥力分级表

肥力等级	菜田土壤养分测试值				
	全氮 %	有机质 %	碱解氮 mg/kg	磷（P_2O_5） mg/kg	钾（K_2O） mg/kg
低肥力	0.07～0.10	1.0～2.0	60～80	40～70	70～100
中肥力	0.10～0.13	2.0～3.0	80～100	70～100	100～130
高肥力	0.13～0.16	3.0～4.0	100～120	130～160	130～160

5.3 栽培季节

5.3.1 春夏栽培：晚霜结束后定植，夏季上市的茬口。

5.3.2 夏秋栽培：夏季育苗定植，秋季上市的茬口。

5.3.3 秋冬栽培：夏末秋初育苗，冬春上市的茬口。

5.4 品种选择

选用抗病、优质、丰产、耐贮运、商品性好、适应市场的品种。且春夏栽培选择耐低温弱光、果实发育快的早、中熟品种，夏秋及秋冬栽培选择抗病毒病、耐热的中、晚熟品种。

5.5 育苗

5.5.1 播种前的准备

5.5.1.1 育苗设施：根据季节、气候条件的不同选用日光温室、塑料大棚、连栋温室、阳畦、温床等育苗设施，夏秋季育苗还应配有防虫、遮阳设施，有条件的可采用穴盘育苗和工厂化育苗，并对育苗设施进行消毒处理，创造适合秧苗生长发育的环境条件。

5.5.1.2 营养土：因地制宜地选用无病虫源的田土、腐熟农家肥、草炭、砻糠灰、复合肥等，按一定比例配制营养土，要求孔隙度约 60%，pH6～7，速效磷 100mg/kg 以上，速效钾 100

mg/kg 以上，速效氮 150mg/kg 以上，疏松、保肥、保水、营养完全。将配制好的营养土均匀铺于播种床上，厚度 10cm。

5.5.1.3 播种床：按照种植计划准备足够的播种床。每平方米播种床用福尔马林 30mL～50mL，加水 3L，喷洒床土。用塑料薄膜闷盖 3d 天后揭膜，待气味散尽后播种。

5.5.2 种子处理

5.5.2.1 消毒处理

针对当地的主要病害选用以下消毒方法。

a）温汤浸种。把种子放入 55℃ 热水，维持水温均匀浸泡 15min。主要防治叶霉病、溃疡病、早疫病。

b）磷酸三钠浸种。先用清水浸种 3h～4h。再放入 10%磷酸三钠溶液中浸泡 20min，捞出洗净。主要防治病毒病。

5.5.2.2 浸种催芽

消毒后的种子浸泡 6h～8h 后捞出洗净，置于 25℃ 保温保湿催芽。

5.5.3 播种

5.5.3.1 播种期：根据栽培季节、气候条件、育苗手段和壮苗指标选择适宜的播种期。

5.5.3.2 种子质量：符合 GB 16715.3—1999 中 2 级以上要求。

5.5.3.3 播种量：根据种子大小及定植密度，一般每 $667m^2$ 大田用种量 20g～30g。每平方米播种床播种 10g～15g。

5.5.3.4 播种方法：当催芽种子 70%以上露白即可播种，夏秋育苗直接用消毒后种子播种。播种前浇足底水，湿润至床土深 10cm。水渗下后用营养土薄撒一层，找平床面，均匀撒播种子。播后覆营养土 0.8cm～1.0cm。每平方米苗床再用 8g 50%多菌灵可湿性粉剂拌上细土均匀薄撒于床面上，防治猝倒病。冬春床面上覆盖地膜，夏秋育苗床面覆盖遮阳网或稻草，70%幼苗顶土时撤除。

5.5.4 苗期管理

5.5.4.1 环境调控

5.5.4.1.1 温度：夏秋育苗主要靠遮阳降温，冬春育苗温度管理见表 2。

表 2　苗期温度管理指标

时　　期	日温℃	夜温℃	短时间最低温不低于℃
播种至齐苗	25～30	18～15	13
齐苗至分苗前	20～25	15～10	8
分苗至缓苗	25～30	20～15	10
缓苗后至定植前	20～25	15～10	8
定植前 5d～7d	15～20	10～8	5

5.5.4.1.2 光照：冬春育苗采用反光幕等增光措施；夏秋育苗和秋冬育苗适当遮光降温。

5.5.4.1.3 水分：分苗水要浇足，以后视育苗季节和墒情适当浇水。结合防病喷 1 000 倍百菌清或 500 倍代森锰锌。

5.5.4.2 分苗

幼苗 2 叶 1 心时，分苗于育苗容器中，摆入苗床。

5.5.4.3 扩大营养面积

秧苗 3～4 叶时加大苗距，容器间空隙要用细泥或砻糠灰填满，保湿保温。

5.5.4.4 分苗后肥水管理

苗期以控水控肥为主。在秧苗 3～4 叶时，可结合苗情追提苗肥。

5.5.4.5 炼苗

早春育苗白天 15℃～20℃，夜间 10℃～5℃。夏秋育苗逐渐撤去遮阳网，适当控制水分。

5.5.4.6 壮苗指标

春夏季栽培用苗，株高 25cm，茎粗 0.6cm 以上，现大蕾。

夏秋和秋冬栽培用苗，4 叶 1 心，株高 15cm 左右，茎粗 0.4cm 左右，25d 以内育成。叶色浓绿、无病虫害。

5.6 定植

5.6.1 定植前准备

整地施基肥，一般基肥的施入量：磷肥为总施肥量的 80% 以上，氮肥和钾肥为总施肥量的 50%～60%。每 667m² 施优质有机肥（有机质含量 9% 以上）3 000kg～4 000kg，养分含量不足时用化肥补充。有机肥撒施，深翻 25cm～30cm。按照当地种植习惯作畦。

5.6.2 定植时间

春夏栽培在晚霜后，地温稳定在 10℃ 以上定植。

5.6.3 定植方法及密度

采用大小行定植，覆盖地膜。根据品种特性、整枝方式、生长期长短、气候条件及栽培习惯，每 667m² 定植 3 000～4 000株。

5.7 田间管理

5.7.1 肥水管理

5.7.1.1 肥水管理指标

采用膜下滴灌或暗灌。定植后及时浇水，3d～5d 后浇缓苗水，然后进行蹲苗，待第一穗果坐稳后结束蹲苗开始浇水、追肥。结果期土壤湿度范围维持土壤最大持水量的 60%～80% 为宜。根据土壤肥力、植物生育季节长短和生长状况及时追肥。常规栽培施肥量见表3，扣除基肥部分后，分多次随水追施。土壤微量元素缺乏的地区，还应针对缺素的状况增加追肥的种类和数量。

5.7.1.2 不允许使用的肥料

在生产中不应使用城市垃圾、污泥、工业废渣和未经无害化处理的有机肥。

5.7.2 植株调整

5.7.2.1 支架、绑蔓：用细竹竿支架，并及时绑蔓。

表 3　番茄推荐施肥量

肥力等级	667m² 目标产量 kg	667m² 推荐施肥量 kg		
		氮（N）	磷（P_2O_5）	钾（K_2O）
低肥力	3 000～4 200	19～22	7～10	13～16
中肥力	3 800～4 800	17～20	5～8	11～14
高肥力	4 400～5 400	15～18	3～6	9～12

5.7.2.2 整枝方法：番茄的整枝方法主要有三种，单干整枝、一干半整枝和双干整枝，根据栽培密度和目的选择适宜的整枝方法。

5.7.2.3 摘心、打叶：当最上部的目标果穗开花时，留 2 片叶掐心，保留其上的侧枝。及时摘除下部黄叶和病叶。

5.7.3　保果疏果

5.7.3.1 保果：在不适宜番茄坐果的季节，使用防落素、番茄灵等植物生长调节剂处理花穗。在灰霉病多发地区，应在溶液中加入腐霉利等药剂防病。

在生产中不应使用 2,4‑D 保花保果。

5.7.3.2 疏果：除樱桃番茄外，为保障产品质量应适当疏果，大果型品种每穗选留 3～4 果；中果型品种每穗留 4～6 果。

5.7.4　采收

及时分批采收，减轻植株负担，以确保商品果品质，促进后期果实膨大。夏秋栽培必须在初霜前采收完毕。产品质量必须符合 NY 5005 要求。

5.7.5　清洁田园

将残枝败叶和杂草清理干净，集中进行无害化处理，保持田间清洁。

5.7.6　病虫害防治

5.7.6.1　主要病虫害

5.7.6.1.1 苗床主要病虫害：猝倒病、立枯病、早疫病，蚜虫。

5.7.6.1.2 田间主要病虫害：灰霉病、晚疫病、叶霉病、早疫病、青枯病、枯萎病、病毒病，蚜虫、潜叶蝇、茶黄螨、白粉虱、烟粉虱、棉铃虫。

5.7.6.2 防治原则

按照"预防为主，综合防治"的植保方针，坚持以"农业防治、物理防治、生物防治为主，化学防治为辅"的无害化控制原则。

5.7.6.3 农业防治

针对当地主要病虫控制对象，选用高抗多抗的品种；实行严格轮作制度，与非茄科作物轮作 3 年以上，有条件的地区应实行水旱轮作；深沟高畦，覆盖地膜；培育适龄壮苗，提高抗逆性；测土平衡施肥，增施充分腐熟的有机肥，少施化肥，防止土壤富营养化；清洁田园。

5.7.6.4 物理防治

覆盖银灰色地膜驱避蚜虫；温汤浸种。

5.7.6.5 生物防治

5.7.6.5.1 天敌：积极保护利用天敌，防治病虫害。

5.7.6.5.2 生物药剂：采用病毒、线虫等防治害虫及植物源农药如藜芦碱、苦参碱、印楝素等和生物源农药如齐墩螨素、农用链霉素、新植霉素等生物农药防治病虫害。

5.7.6.6 主要病虫害药剂防治

以生物药剂为主。使用药剂防治时严格按照 GB 4285、GB/T 8321 规定执行。

5.7.6.6.1 猝倒病、立枯病：除用苗床撒药土外，还可用恶霜灵＋代森锰锌、霜霉威等药剂防治。

5.7.6.6.2 灰霉病：用腐霉利、硫菌·霉威、乙烯菌核利、武夷菌素等药剂防治。

5.7.6.6.3 早疫病：用代森锰锌、百菌清、春雷霉素＋氢氧化铜、甲霜灵锰锌等药剂防治。

5.7.6.6.4 晚疫病：用乙磷锰锌，恶霜灵＋代森锰锌、霜霉威等药剂防治。

5.7.6.6.5 叶霉病：用武夷菌素、春雷霉素＋氢氧化铜、波尔多液等药剂防治。

5.7.6.6.6 溃疡病：用氢氧化铜、波尔多液、农用链霉素等药剂防治。

5.7.6.6.7 病毒病：用盐酸吗啉胍·铜、83 增抗剂等药剂防治。

5.7.6.6.8 蚜虫、粉虱：用溴氰菊酯、藜芦碱、吡虫啉、联苯菊酯等药剂防治。

5.7.6.6.9 潜叶蝇：用齐墩螨素、毒死蜱等药剂防治。

5.7.7 合理施药

严格控制农药用量和安全间隔期。主要病虫害防治的选药用药技术见表 4。

表 4　主要病虫害防治一览表

主要防治对象	农药名称	使用方法	安全间隔期 d
猝倒病	64％恶霜灵＋代森锰锌	500 倍喷雾	3
立枯病	72.2％霜霉威水剂	800 倍喷雾	5
灰霉病	50％腐霉利可湿性粉剂	1 500 倍喷雾	1
	65％硫菌·霉威可湿粉剂	800～1 500 倍喷雾	2
	50％乙烯菌核利可湿性粉剂	1 000 倍喷雾	4
	2％武夷菌素水剂	100 倍喷雾	2
早疫病	70％代森锰锌	500 倍喷雾	15
	75％百菌清可湿性粉剂	600 倍喷雾	7
	47％春雷霉素＋氢氧化铜可湿性粉剂	800～1 000 倍喷雾	21
	58％甲霜灵锰锌可湿性粉剂	500 倍喷雾	1

（续）

主要防治对象	农药名称	使用方法	安全间隔期 d
晚疫病	40%乙磷锰锌可湿性粉剂	300倍喷雾	5
	64%恶霜灵＋代森锰锌	500倍喷雾	3
	72.2%霜霉威水剂	800倍喷雾	5
叶霉病	2%武夷菌素水剂	150倍喷雾	2
	47%春雷霉素＋氢氧化铜可湿性粉剂	800倍喷雾	21
	1：1：200波尔多液		
溃疡病	77%氢氧化铜可湿性粉剂	500倍喷雾	3
	1：1：200波尔多液		
	72%农用链霉素可溶性粉剂	4 000倍喷雾	3
病毒病	83增抗剂	100倍、苗期、缓苗后各喷一次	
	20%盐酸吗啉胍·铜	500倍喷雾	3
蚜虫	2.5%溴氰菊酯乳油	2 000～3 000倍喷雾	2
	1.8%藜芦碱水剂	800倍	
	10%吡虫啉可湿性粉剂	2 000～3 000倍	7
白粉虱烟粉虱	2.5%联苯菊酯乳油	3 000倍喷雾	4
	10%吡虫啉可湿粉剂	2 000～3 000倍喷雾	7
潜叶蝇	1.8%齐墩螨素乳油	2 000～3 000倍喷雾	7
	48%毒死蜱乳油	1 000倍喷雾	7

5.7.8 不允许使用的高毒高残留农药

生产上不应使用杀虫脒、氰化物、磷化铅、六六六、滴滴涕、氯丹、甲胺磷、甲拌磷（3911）、对硫磷（1605）、甲基对硫磷（甲基1605）、内吸磷（1059）、苏化203、杀螟磷、磷胺、异丙磷、三硫磷、氧化乐果、磷化锌、克百威、水胺硫磷、久效磷、三氯杀螨醇、涕灭威、灭多威、氟乙酰胺、有机汞制剂、砷制剂、西力生、赛力散、溃疡净、五氯酚钠等和其他高毒、高残留农药。

附 录 三

中华人民共和国农业行业标准

无公害食品 番茄保护地生产技术规程

1 范围

本标准规定了达到无公害番茄产品质量要求的产地环境和生产技术管理措施。

本标准适用于全国日光温室、塑料棚、改良阳畦、连栋温室等保护设施的番茄无公害生产。

2 规范性引用文件

下列文件中的条款通过本标准的引用而成为本标准的条款。凡是注日期的引用文件，其随后所有的修改单（不包括勘误的内容）或修订版均不适用于本标准，然而，鼓励根据本标准达成协议的各方研究是否可使用这些文件的最新版本。凡是不注日期的引用文件，其最新版本适用于本标准。

GB 4285 农药安全使用标准

GB/T 8321（所有部分） 农药合理使用准则

GB 16715.3—1999 瓜菜作物种子 茄果类

NY 5005 无公害食品 茄果类蔬菜

NY 5010 无公害食品 蔬菜产地环境条件

3 术语和定义

下列术语和定义适用于本标准。

3.1 保护设施

在不适宜植物生长发育的寒冷、高温、多雨季节，人为创造适宜植物生长发育的微环境所采用的定型设施。

3.2 日光温室

由采光和保温维护结构组成，以塑料薄膜为透明覆盖材料，东西向延长，在寒冷季节主要依靠获取和蓄积太阳辐射能进行蔬菜生产的单栋温室。

3.3 塑料棚

采用塑料薄膜覆盖的拱圆形棚，其骨架常用竹、木、钢材或复合材料建造而成。

3.4 连栋温室

以塑料、玻璃等为透明覆盖材料，以钢材为骨架，二连栋以上的大型保护设施。

3.5 改良阳畦

由保温和采光维护结构组成，东西向延长的小型简易保护设施。

3.6 温床

依靠生物能、电能或其他热源提高床土温度进行育苗的设施。

3.7 土壤肥力

土壤为植物生长发育所提供和协调营养与环境条件的能力。

4 产地环境

要选择地势高燥，排灌方便，地下水位较低，土层深厚疏松的壤土的地块，并符合 NY 5010 的规定。

5 生产技术管理

5.1 保护设施的规格要求

5.1.1 塑料小棚：矢高 0.6m～1m，跨度 1m～3m，长度不限。

5.1.2 塑料中棚：矢高 1.5m～2m，跨度 4m～6m，长度不限。

5.1.3 塑料大棚：矢高 2.5m～3m，跨度 6m～12m，长度 30m～60m。

5.1.4 连栋温室：单栋跨度 6m～9m、脊高 4.0m～6.0m，二连栋以上的大型保护设施。

5.1.5 改良阳畦：跨度约 3m，高度约 1.3m。

5.1.6 温床：跨度约 3m。高度约 1.3m。

5.2 保护地土壤肥力等级的划分

根据保护地土壤中的有机质、全氮、碱解氮、有效磷、有效钾等含量高低而划分的土壤肥力等级。具体等级指标见表1。

表 1 菜田保护地土壤肥力分级表

肥力等级	菜田土壤养分测试值				
	全氮 %	有机质 %	碱解氮 mg/kg	磷（P_2O_5） mg/kg	钾（K_2O） mg/kg
低肥力	0.10～0.13	1.0～2.0	60～80	100～200	80～150
中肥力	0.13～0.16	2.0～3.0	80～100	200～300	150～220
高肥力	0.16～0.20	3.0～4.0	100～120	300～400	220～300

5.3 栽培季节的划分

5.3.1 早春栽培：深冬定植、早春上市的茬口。

5.3.2 秋冬栽培：秋季定植、初冬上市的茬口。

5.3.3 冬春栽培：初冬定植、春节前后上市的茬口。

5.3.4 春提早栽培：终霜前 30d 左右定植、初夏上市的茬口。

5.3.5 秋延后栽培：夏末初秋定植，国庆节前后上市的茬口。

5.3.6 长季节栽培：采收期 8 个月以上的茬口。

5.4 多层保温覆盖

棚室内外增设二层以上保温覆盖的方式。

5.5 品种选择

选择抗病、优质、高产、耐贮运、商品性好、适合市场需求的品种。冬春栽培、早春栽培、春提早栽培选择耐低温弱光、对病害多抗的品种；秋冬栽培、秋延后栽培选择高抗病毒病、耐热的品种；长季节栽培选择高抗、多抗病害，抗逆性好，连续结果能力强的品种。

5.6 育苗

5.6.1 播种前的准备

5.6.1.1 育苗设施：根据季节不同选用温室、大棚、阳畦、温床等育苗设施，夏秋季育苗应配有防虫遮阳设施，有条件的可采用穴盘育苗和工厂化育苗，并对育苗设施进行消毒处理，创造适合秧苗生长发育的环境条件。

5.6.1.2 营养土：因地制宜地选用无病虫源的田土、腐熟农家肥、草炭、砻糠灰、复合肥等，按一定比例配制营养土，要求孔隙度约60％，pH6～7，速效磷100mg/kg以上，速效钾100mg/kg以上，速效氮150mg/kg，疏松、保肥、保水，营养完全。将配制好的营养土均匀铺于播种床上，厚度10cm。

5.6.1.3 播种床：按照种植计划准备足够的播种床。每平方米播种床用福尔马林30mL～50mL，加水3L，喷洒床土，用塑料薄膜闷盖3d后揭膜，待气体散尽后播种。

5.6.2 种子处理

5.6.2.1 消毒处理

针对当地的主要病害选用下述消毒方法。

a）温汤浸种：把种子放入55℃热水，维持水温均匀浸泡15min。主要防治叶霉病、溃疡病、早疫病。

b）磷酸三钠浸种：先用清水浸种3h～4h，再放入10％磷酸三钠溶液中浸泡20min，捞出洗净。主要防治病毒病。

5.6.2.2 浸种催芽

消毒后的种子浸泡6h～8h后捞出洗净，置于25℃保温催芽。

5.6.3 播种

5.6.3.1 播种期

根据栽培季节、育苗手段和壮苗指标选择适宜的播种期。

5.6.3.2 种子质量

符合 GB 16715.3—1999 中 2 级以上要求。

5.6.3.3 播种量

根据种子大小及定植密度，每 667m² 栽培面积用种量 20g～30g。每平方米播种床播种量 10g～15g。

5.6.3.4 播种方法

当催芽种子 70％以上破嘴（露白）即可播种。夏秋育苗直接用消毒后种子播种。播种前苗床浇足底水，湿润至床土深 10cm。水渗下后用营养土薄撒一层，找平床面，均匀撒播。播后覆营养土 0.8cm～1.0cm。每平方米苗床再用 50％多菌灵可湿性粉剂 8g，拌上细土均匀薄撒于床面上，防治猝倒病。冬春播种育苗床面上覆盖地膜，夏秋播种育苗床面覆盖遮阳网或稻草，70％幼苗顶土时撤除床面覆盖物。

5.6.4 苗期管理

5.6.4.1 环境调控

5.6.4.1.1 温度：夏秋育苗主要靠遮阳降温。冬春育苗温度管理见表 2。

表 2 苗期温度管理指标

时 期	日温 ℃	夜温 ℃	短时间最低夜温不低于 ℃
播种至齐苗	25～30	18～15	13
齐苗至分苗前	20～25	15～10	8
分苗至缓苗	25～30	20～15	10
缓苗后至定植前	20～25	16～12	8
定植前 5d～7d	15～20	10～8	5

5.6.4.1.2 光照：冬春育苗采用反光幕等增光措施；夏秋育苗适当遮光降温。

5.6.4.1.3 水分：分苗水要浇足。以后视育苗季节和墒情适当浇水。

5.6.4.1.4 分苗：幼苗 2 叶 1 心时，分苗于育苗容器中，摆入苗床。结合防病喷 1 000 倍百菌清或 500 倍代森锰锌。

5.6.4.1.5 扩大营养面积：秧苗 3～4 叶时加大苗距，容器间空隙要用细泥或砻糠灰填满，保湿保温。

5.6.4.1.6 分苗后肥水：苗期以控水控肥为主。在秧苗 3～4 叶时，可结合苗情追提苗肥。

5.6.4.1.7 炼苗：早春育苗白天 15℃～20℃，夜间 10℃～5℃。夏秋育苗逐渐撤去遮阳网，适当控制水分。

5.6.5 壮苗指标

冬春育苗，株高 25cm，茎粗 0.6cm 以上，现大蕾，叶色浓绿，无病虫害。夏秋育苗，4 叶 1 心，株高 15cm 左右，茎粗 0.4cm 左右，25d 内育成。长季节栽培根据栽培季节选择适宜的秧苗。

5.7 定植前准备

5.7.1 整地施基肥

基肥的施入量：磷肥为总施肥量的 80％以上，氮肥和钾肥为总施肥量的 50％～60％。每 667m² 施优质农家肥 3 000kg 以上，但最高不超过 5 000kg，农家肥中的养分含量不足时用化肥补充。各地还应根据生育期长短和土壤肥力状况调整施肥量。基肥以撒施为主，深翻 25cm～30cm。按照当地种植习惯作畦。

5.7.2 棚室消毒

棚室在定植前要进行消毒，每 667m² 设施，用 80％敌敌畏乳油 250g 拌上锯末，与 2 000g～3 000g 硫黄粉混合，分 10 处点燃，密闭一昼夜，放风后无味时定植。

5.8 定植

5.8.1 定植时间

在 10cm 土温稳定通过 10℃后定植。

5.8.2　定植方法及密度

采用大小行栽培，覆盖地膜。根据品种特性、整枝方式、气候条件及栽培习惯，每 667m² 定植 3 000～4 000 株。

5.9　田间管理

5.9.1　环境调控

5.9.1.1　温度

5.9.1.1.1　缓苗期：白天 25℃～28℃，晚上不低于 15℃。

5.9.1.1.2　开花坐果期：白天 20℃～25℃，晚上不低于 10℃。

5.9.1.1.3　结果期：8～17 时 22℃～26℃，17～22 时 15℃～13℃，22 时至次日 8 时 13℃～7℃。

5.9.1.2　光照

采用透光性好的耐候功能膜，冬春季节保持膜面清洁，白天揭开保温覆盖物，日光温室后部张挂反光幕，尽量增加光照强度和时间。夏秋季节适当遮阳降温。

5.9.1.3　空气湿度

根据番茄不同生育阶段对湿度的要求和控制病害的需要，最佳空气相对湿度的调控指标是缓苗期 80%～90%、开花坐果期 60%～70%、结果期 50%～60%。生产上要通过地面覆盖、滴灌或暗灌、通风排湿、温度调控等措施，尽可能把棚室内的空气湿度控制在最佳指标范围。

5.9.1.4　二氧化碳

冬春季节增施二氧化碳气肥，使设施内的浓度达到 1 000mg/kg～1 500mg/kg。

5.9.2　肥水管理

5.9.2.1　肥水管理指标

采用膜下滴灌或暗灌。定植后及时浇水，3d～5d 后浇缓苗水。冬春季节不浇明水。土壤相对湿度冬春季节保持 60%～70%，夏秋季节保持在 75%～85%。根据生育季节长短和生长状况及时追肥。常规栽培推荐施肥量见表 3，扣除基肥部分后，分多次随水追施。土壤微量元素缺乏的地区，还应针对缺素的状况增加追肥的种类和数量。

表3　番茄推荐施肥量

肥力等级	667m² 目标产量 kg	667m² 推荐施肥量 kg		
		纯氮	磷（P₂O₅）	钾（K₂O）
低肥力	3 000～4 200	19～22	7～10	13～16
中肥力	3 800～4 800	17～20	5～8	11～14
高肥力	4 400～5 400	15～18	3～6	9～12

5.9.2.2　不允许使用的肥料

在生产中不应使用城市垃圾、污泥、工业废渣和未经无害化处理的有机肥。

5.9.3　植株调整

5.9.3.1　插架或吊蔓：用尼龙绳吊蔓或用细竹竿插架。

5.9.3.2　整枝：番茄的整枝方法主要有三种，单干整枝、一干半整枝和双干整枝，根据栽培密度和目的选择适宜的整枝方法。

5.9.3.3　摘心、打底叶：当最上目标果穗开花时，留2片叶掐心，保留其上的侧枝。第一穗果绿熟期后，摘除其下全部叶片，及时摘除枯黄有病斑的叶子和老叶。

5.9.4　保果疏果

5.9.4.1　保果：在不适宜番茄坐果的季节，使用防落素、番茄灵等植物生长调节剂处理花穗。在灰霉病多发地区，应在溶液中加入腐霉利等药剂防病。

5.9.4.2　疏果：除樱桃番茄外，为保障产品质量应适当疏果，大果型品种每穗选留3～4果；中果型品种每穗留4～6果。

5.9.5　病虫害防治

5.9.5.1　主要病虫害

5.9.5.1.1　苗床主要病虫害：猝倒病、立枯病、早疫病，蚜虫。

5.9.5.1.2 田间主要病虫害：灰霉病、晚疫病、叶霉病、早疫病、青枯病、枯萎病、病毒病，蚜虫、潜叶蝇、茶黄螨、白粉虱、烟粉虱、棉铃虫。

5.9.5.2 防治原则

按照"预防为主，综合防治"的植保方针，坚持以"农业防治、物理防治、生物防治为主，化学防治为辅"的无害化治理原则。

5.9.5.3 农业防治

5.9.5.3.1 抗病品种

针对当地主要病虫控制对象，选用高抗多抗的品种。

5.9.5.3.2 创造适宜的生育环境条件

培育适龄壮苗，提高抗逆性；控制好温度和空气湿度，适宜的肥水，充足的光照和二氧化碳，通过放风和辅助加温，调节不同生育时期的适宜温度，避免低温和高温障碍；深沟高畦，严防积水，清洁田园，做到有利于植株生长发育，避免侵染性病害发生。

5.9.5.3.3 耕作改制

实行严格轮作制度。与非茄科作物轮作3年以上。有条件的地区应实行水旱轮作或夏季灌水闷棚。

5.9.5.3.4 科学施肥

测土平衡施肥，增施充分腐熟的有机肥，少施化肥，防止土壤富营养化。

5.9.5.3.5 设施防护

大型设施的放风口用防虫网封闭，夏季覆盖塑料薄膜、防虫网和遮阳网，进行避雨、遮阳、防虫栽培，减轻病虫害的发生。

5.9.5.4 物理防治

大型设施内运用黄板诱杀蚜虫。田间悬挂黄色粘虫板或黄色板条（25cm×40cm），其上涂上一层机油，每667m² 30～40块。

中、小棚覆盖银灰色地膜驱避蚜虫。

5.9.5.5　生物防治

5.9.5.5.1　天敌：积极保护利用天敌，防治病虫害。

5.9.5.5.2　生物药剂：采用病毒、线虫等防治害虫及植物源农药如藜芦碱、苦参碱、印楝素等和生物源农药如齐墩螨素、农用链霉素、新植霉素等生物农药防治病虫害。

5.9.6　主要病虫害防治

使用药剂防治应符合 GB 4285、GB/T 8321 的要求。

5.9.6.1　猝倒病、立枯病：除用苗床撒药土外，还可用恶霜灵＋代森锰锌、霜霉威等药剂防治。

5.9.6.2　灰霉病：优先采用烟剂、乙霉威粉尘，还可用腐霉利、硫菌·霉威、乙烯菌核利、武夷菌素等药剂防治。

5.9.6.3　早疫病：优先采用百菌清粉尘、百菌清烟剂，还可用代森锰锌、百菌清、春雷霉素＋氢氧化铜、甲霜灵锰锌等药剂防治。

5.9.6.4　晚疫病：优先采用百菌清粉尘、百菌清烟剂，还可用乙磷锰锌、恶霜灵＋代森锰锌、霜霉威等药剂防治。

5.9.6.5　叶霉病：优先采用春雷霉素＋氢氧化铜粉尘剂，还可用武夷菌素、春雷霉素＋氢氧化铜、波尔多液等药剂防治。

5.9.6.6　溃疡病：用氢氧化铜、波尔多液、农用链霉素等药剂防治。

5.9.6.7　病毒病：用盐酸吗啉胍·铜、83 增抗剂等药剂防治。

5.9.6.8　蚜虫、粉虱：用溴氰菊酯、吡虫啉、联苯菊酯、藜芦碱等药剂防治。

5.9.6.9　潜叶蝇：用齐墩螨素、毒死蜱等药剂防治。

5.9.7　合理施药

严格控制农药安全间隔期，主要病虫害防治的选药用药技术见表4。

表4 主要病虫害防治一览表

主要防治对象	农药名称	使用方法	安全间隔期d
猝倒病立枯病	64%恶霜灵＋代森锰锌	500倍喷雾	3
	72.2%霜霉威水剂	800倍喷雾	5
灰霉病	6.5%乙霉威粉尘剂	每667m² 喷粉尘剂1 000g	
	50%腐霉利可湿性粉剂	1 500倍喷雾	1
	65%硫菌·霉威可湿性粉剂	800～1 500倍喷雾	2
	50%乙烯菌核利可湿性粉剂	1 000倍喷雾	4
	2%武夷菌素水剂	100倍喷雾	2
早疫病	5%百菌清粉尘剂	每667m² 喷粉尘剂1 000g	
	70%代森锰锌	500倍喷雾	15
	75%百菌清可湿性粉剂	600倍喷雾	7
	47%春雷霉素＋氢氧化铜可湿性粉剂	800～1 000倍喷雾	21
	58%甲霜灵锰锌可湿性粉剂	500倍喷雾	1
晚疫病	5%百菌清粉尘剂	每667m² 喷粉尘剂1 000g	
	40%乙磷铝锰锌可湿性粉剂	300倍喷雾	5
	64%恶霜灵＋代森锰锌	500倍喷雾	3
	72.2%霜霉威水剂	800倍喷雾	5
叶霉病	5%春雷霉素＋氢氧化铜粉尘剂	每667m² 喷粉剂1 000g	
	2%武夷菌素水剂	150倍喷雾	21
	47%春雷霉素＋氢氧化铜可湿性粉剂	800倍喷雾	2
	1∶1∶200波尔多液		
溃疡病	77%氢氧化铜可湿性粉剂	500倍喷雾	3
	1∶1∶200波尔多液		
	72%农用链霉素可溶性粉剂	4 000倍喷雾	3
病毒病	83增抗剂	100倍，苗期、缓苗后各喷1次	
	20%盐酸吗啉胍·铜	500倍喷雾	3
蚜虫	2.5%溴氰菊酯乳油	2 000～3 000倍喷雾	2
	10%吡虫啉可湿粉剂	2 000～3 000倍喷雾	7
白粉虱烟粉虱	2.5%联苯菊酯乳油	3 000倍喷雾	4
	10%吡虫啉可湿粉剂	2 000～3 000倍喷雾	7
潜叶蝇	1.8%齐墩螨素乳油	2 000～3 000倍喷雾	7
	48%毒死蜱乳油	1 000倍喷雾	7

5.9.8　不应用的高毒高残留农药

在蔬菜生产上不应使用杀虫脒、氰化物、磷化铅、六六六、滴滴涕、氯丹、甲胺磷、甲拌磷（3911）、对硫磷（1605）、甲基对硫磷（甲基1605）、内吸磷（1059）、苏化203、杀螟磷、磷胺、异丙磷、三硫磷、氧化乐果、磷化锌、克百威、水胺硫磷、久效磷、三氯杀螨醇、涕灭威、灭多威、氟乙酰胺、有机汞制剂、砷制剂、西力生、赛力散、溃疡净、五氯酚钠等和其他高毒、高残留农药。

5.9.9　及时采收

及时分批采收，减轻植株负担，以确保商品果品质，促进后期果实膨大。产品质量符合 NY 5005 的要求。

5.9.10　清洁田园

将残枝败叶和杂草清理干净，集中进行无害化处理，保持田园清洁。

附　录　四

四川省农业地方标准

四川省无公害农产品生产技术规程　茄子

1　范围

本标准规定了无公害茄子生产的生产基地条件、栽培技术、采收及采后处理。

本标准适用于四川省无公害茄子生产。

2　规范性引用文件

下列文件中的条款通过本标准的引用而成为本标准的条款。其最新版本适用于本标准。

GB 7718　食品标签通用标准

GB/T 8321　农药合理使用准则

GB/T 10158　新鲜蔬菜包装通用技术条件

GB 16715.3　瓜菜作物种子　茄果类

DB 51/335　无公害农产品标准

DB 51/336　无公害农产品（或原料）产地环境条件

DB 51/337　无公害农产品农药使用准则

DB 51/338　无公害农产品肥料使用准则

DB 51/339　无公害农产品生产技术规程　蔬菜

3　术语和定义

下列术语和定义适用于本标准。

3.1　温床

是指在普通育苗床或栽培畦的下面铺设相应的辅助增温设备或材料，从而达到更有利于提高气温和地温的一类设施。

3.2　冷床

苗床内不填酿热物，上面覆盖玻璃或薄膜保温采光的育苗设施。

4　生产基地条件

要选择地势平坦，排灌方便，地下水位低，土层深厚疏松的壤土。基地远离医院、工矿企业等污染源，集中成片，有一定规模，便于管理和销售运输，并符合 DB 51/336 和 DB 51/339 的规定。

5　栽培技术

5.1　轮作制度

5.1.1　常年菜地宜与非茄科蔬菜之间和茬口之间轮作。

5.1.2　粮菜区宜采用水旱轮作或粮菜轮作。

5.1.3　轮作年限：在施用传统农家肥和深翻土地条件下，宜实行 3～4 年轮作制度。

5.2　品种选择

选用优质高产、抗病耐贮、商品性好、适合市场需求的茄子品种。春提前栽培选择耐低温弱光、对病害多抗的品种；秋冬及秋延后栽培选择耐热耐湿抗病品种。种子质量符合 GB 161715.3 的要求。

5.3　种子处理

种子进行包衣剂处理，未包衣的种子应根据防病要求任选其中一种或几种综合使用。

5.3.1　温汤浸种

用种子量 5～6 倍 55℃ 的热水浸种 15min 左右，期间不断搅拌，待水温自然下降到 30℃ 左右即可。（防疫病、炭疽病）

5.3.2 干热处理

将含水量 10％以下的茄子种子放在 70℃的恒温箱内处理72h。（防病毒病）

5.3.3 药剂处理

使用下列药液浸种处理后，种子均要捞出在清水中搓洗干净后方可催芽或播种。

a. 茄子种子在 10％磷酸三钠溶液中浸种 20min，或 0.1％高锰酸钾液中浸种 20min。（防病毒病）

b. 先将种子在冷水中预浸 10h～12h，再用 1％硫酸铜溶液浸种 5min，或用 50％多菌灵可湿性粉剂 500 倍液浸种 1h，或用普力克水剂 800 倍液浸种 30min。（防疫病、炭疽病）

5.4 培育壮苗

5.4.1 育苗土配制

用 3～5 年内未种过茄科蔬菜的熟土或风干后的稻田土、河塘泥 7～6 份与充分腐熟并筛细的有机肥 3～4 份混合做育苗营养土。并按营养土质量的 0.1％～0.2％加入过磷酸钙。

5.4.2 苗床土消毒

5.4.2.1 药剂消毒

选用适宜无害化生产的苗床消毒剂。如 50％多菌灵可湿性粉剂与 65％代森锌按 1：1 混合，每平方米苗床用药 8g～10g 与20kg 左右的半干细土混合，播种时 1/3 铺苗床中，2/3 盖在种子上。

5.4.2.2 高温消毒

夏季高温季节密闭棚室 7d～10d，可杀灭土壤中部分病原菌，对猝倒病、立枯病、枯萎病等多种病害有预防作用。

5.4.3 育苗方式

根据条件和栽培目的，选用温室或塑料薄膜棚冷床或温床育苗。宜采用穴盘、营养钵、纸袋等护根措施。

5.4.4 适期播种

根据不同育苗方式、栽培措施（露地或保护地）和当地气候条件选择适当时间及时播种。

a. 春早熟栽培：9月下旬至10月上中旬，塑料棚冷床育苗。温床育苗11月下旬至12月上旬。

b. 一般露地栽培：2月上旬，塑料棚冷床育苗。

c. 秋季栽培：6月下旬至7月上旬播种。应采用遮阳网避雨、遮阴育苗。

5.4.5 加强苗期管理，培育适龄壮苗

采用冷床育苗通常在11月上旬茄苗2叶1心时，进行一次假植，苗距10cm左右。11～12月注意通风降湿，防止徒长。12月至次年2月上旬，以保温为主，但仍须控制苗床湿度，防止苗期病害发生。

采用温床育苗，发芽期间苗床温度宜控制在25℃～30℃。出苗后，一般保持夜温15℃～18℃，日温20℃～25℃，以利于培育壮苗。当床内温度达到30℃时，须通风降温，以防烧苗，床内干燥时，宜浇温水。育苗期间可进行1～2次假植，逐步加大苗距。定植前须通风炼苗，为定植做好准备。

5.4.6 壮苗标准

株高15cm～20cm，有10～11片叶，节间短，茎基粗0.6cm左右，现蕾。

5.5 定植

5.5.1 土地准备

a. 深翻炕土：秋冬季节将土壤深翻25cm～30cm，炕土，可改良土壤物理结构和杀灭土中越冬病虫。

b. 大棚高温消毒：盛夏季节清除前茬作物的残株烂叶、病虫残体后，深翻土壤，密闭大棚7d～10d进行高温消毒。

5.5.2 整地施肥

结合整地施足基肥。每667m² 施用腐熟有机肥3 000kg～5 000kg，过磷酸钙50kg～100kg，硫酸钾10kg～15kg。各地应根据土壤肥力调整施肥量。提倡使用生物有机肥。按照当地种植习惯作畦。

5.5.3　栽培方式

无论是露地栽培还是保护地栽培均宜采用高垄地膜覆盖栽培。保护地根据栽培目的合理采用遮阳网、防虫网和多层覆盖栽培技术。

5.5.4　适时定植

a. 露地栽培：3月下旬至4月上旬，气温稳定通过15℃为移栽适期。

b. 保护地栽培：2月份土层深度10cm处地温稳定通过13℃为移栽适期。

5.6　定植后管理

5.6.1　追肥

5.6.1.1　施肥原则：选用符合DB 51/338要求的肥料。重施基肥，合理追肥。以有机肥为主，允许限量使用化肥，但应控制氮肥用量，增施磷钾肥。提倡配方施肥。

5.6.1.2　中等肥力条件下，不同生育期的追肥用量见下表。

生育期	肥料种类和每667m² 用量	次数	备注
定植至现蕾	15％～20％腐熟人畜粪尿1 000kg～1 500kg	1次	
开花至第一次采果	20％～25％腐熟人畜粪尿1 500kg～2 000kg＋5kg 尿素或8kg～10kg 磷酸氢二铵	1次	
对茄至四门斗茄膨大期	30％～40％腐熟人畜粪尿2 500kg～3 000kg＋5kg 尿素＋3kg～4kg 硫酸钾或埋施腐熟饼肥100kg	2次	
结果盛期	30％～40％腐熟人畜粪尿2 500kg～3 000kg＋5kg 尿素＋3kg～4kg 硫酸钾或埋施腐熟饼肥100kg	每采收1批果1次	

5.6.2　灌水

灌水水质应符合 DB 51/336 的要求。禁止大水漫灌和阴天傍晚浇水。提倡喷灌、滴灌、膜下灌溉。茄子生长过程中，不同生育时期的灌水次数和灌水量，按常规栽培管理进行。

5.6.3　其他管理

5.6.3.1　整枝：适度整枝，通常门茄以下侧枝须摘除，留主干与 1～2 个分枝。

5.6.3.2　立支架：茄子露地和设施栽培，宜采用木桩或竹竿搭立支架固定植株，结合中耕除草，培土上厢，以防倒伏。

5.6.3.3　摘叶：生长过程中，及时摘除基部老黄叶和病叶，以利于通风和植株生长。

5.6.3.4　保花保果：早熟栽培中，可适当应用植物生长调节剂保花保果。但不应使用 2,4‐D 保花保果。

5.7　病虫害防治

5.7.1　农业防治

选用抗病虫品种；培育适龄壮苗和采用嫁接苗；严格实施轮作制度；采用高垄地膜覆盖栽培；科学施肥和灌溉，合理密植，培育健壮植株，促早封垄；及时拔除病重株，摘除病叶、病果，带出田间或棚室外烧毁或深埋；清洁田园，深翻炕土，减少越冬病虫源。

5.7.2　物理防治

盛夏棚室密闭高温消毒；田间悬挂黄板诱杀蚜虫、白粉虱、美洲斑潜蝇等；糖醋液诱杀小地老虎；频振式杀虫灯诱杀害虫；田间铺银灰膜或悬挂银灰膜条驱避蚜虫；覆盖防虫网防虫防病；人工摘除害虫卵块和捕杀害虫。

5.7.3　生物防治

保护利用自然天敌如瓢虫、草蛉、蚜茧蜂等对蚜虫自然控制。Bt 乳剂、阿维菌素等防治棉铃虫、烟青虫。积极推广植物源农药、农用抗生素、微生物农药等防治病虫。

5.7.4　化学防治

加强病虫害的预测预报，及时掌握病虫害发生动态，选用生物制剂或高效、低毒、低残留农药，采用适当施用方式和器械进行防治。严格按照 GB/T 8321 和 DB 51/337 规定执行。主要病虫害与部分推荐农药品种见附录 A。

6 采收及采后处理

6.1 及时采收

根据市场需求和茄子自然商品成熟度及时分批采收。采收过程中所用工具要清洁、卫生、无污染。

6.2 采后处理

剔除病、虫、伤果，果实要清洗干净，清洗用水应符合 DB 51/336 的要求。根据果实大小、形状、色泽进行分级包装，应避免包装、运输、贮存中的二次污染。包装技术按 GB/T 10158 和 GB 7718 执行。产品应符合 DB 51/335 要求。

6.3 清洁田园

将残枝败叶、杂草及农地膜清理干净，集中进行无害化处理，保持田园清洁。

附录 A
无公害茄子生产主要病虫害及部分推荐农药

病虫害名称	防治指标（适期）	推荐药剂及使用剂量	安全间隔期
猝倒病	发病初期	75％百菌清可湿性粉剂 800 倍液 58％甲霜灵锰锌可湿性粉剂 600 倍液	≥10 ≥10
立枯病	发病初期	36％甲基硫菌灵悬浮剂 500 倍液 5％井冈霉素水剂 1 500 倍液	≥30
灰霉病	发病初期	50％速克灵可湿性粉剂 1 500～2000 倍液 50％乙烯菌利可湿性粉剂 1 000 倍液	≥7 ≥4
绵疫病	发病初期	64％杀毒矾可湿性粉剂 500 倍液 58％甲霜灵锰锌可湿性粉剂 500 倍液	≥3 ≥10

（续）

病虫害名称	防治指标（适期）	推荐药剂及使用剂量	安全间隔期
褐纹病	发病初期	75%百菌清可湿性粉剂 600 倍液 58%甲霜灵锰锌可湿性粉剂 500 倍液 65%代森锰锌可湿性粉剂 500 倍液	≥10 ≥10 ≥3
青枯病	发病初期（灌根）	72%农用链霉素 400 倍液 50%琥胶肥酸铜可湿性粉剂 500 倍液 14%络氨铜水剂 300 倍液	≥3
黄萎病	发病初期（灌根）	50%琥胶肥酸铜可湿性粉剂 350 倍液 50%混杀硫悬浮剂 500 倍液	≥3
茶黄螨、二斑叶螨	害螨点片发生（株螨率达 5%）时	10%浏阳霉素乳油 1 000～1 500 倍液 1.8%阿维菌素乳油 5 000 倍液 73%克螨特乳油 1 000～1 200 倍液	≥7 ≥30

注：如有适宜无公害茄子生产的高效、低毒、低残留新型生物、化学农药，应优先选用。

附　录　五

四川省农业地方标准

四川省无公害农产品生产技术规程　辣椒

1　范围

本标准规定了无公害辣椒生产的生产基地条件、栽培技术、采收及采后处理。

本标准适用于四川省无公害辣椒生产。

2　规范性引用文件

下列文件中的条款通过本标准的引用而成为本标准的条款。其最新版本适用于本标准。

GB 7718　食品标签通用标准

GB/T 8321　农药合理使用准则

GB/T 10158　新鲜蔬菜包装通用技术条件

GB 16715.3　瓜菜作物种子　茄果类

DB 51/335　无公害农产品标准

DB 51/336　无公害农产品（或原料）产地环境条件

DB 51/337　无公害农产品农药使用准则

DB 51/338　无公害农产品肥料使用准则

DB 51/T339　无公害农产品生产技术规程　蔬菜

3　术语和定义

下列术语和定义适用于本标准。

3.1　污染源

指产生固态、液态、气态的有毒物质，污染空气、水源、土壤的所有来源。

3.2 轮作制度

指在一定年限内，同一块土地上，按预定顺序轮换栽种不同作物的种植制度。

4 生产基地条件

要选择地势高燥，排灌方便，地下水位较低，土层深厚疏松的壤土。基地远离医院、工矿企业等污染源，有一定规模，集中成片，便于管理和销售运输，并符合 DB 51/336 和 DB 51/339 的规定。

5 栽培技术

5.1 轮作制度

5.1.1 常年菜地宜与非茄科蔬菜之间和茬口之间轮作。

5.1.2 粮菜区宜采用水旱轮作或粮菜轮作。

5.1.3 轮作年限：在施用传统农家肥和深翻土地条件下，宜实行 3～4 年轮作制。

5.2 选用良种

选用抗病虫能力和抗逆性强、优质、高产、商品性好、适应市场需求的辣椒品种。种子质量应符合 GB 16715.3 的要求。

5.3 播种育苗

5.3.1 种子播前处理

种子进行包衣剂处理，未包衣的种子可根据防治病害要求选用其中一种或几种综合使用。

5.3.1.1 干热消毒

将含水量 10％以下的辣椒种子放在 70℃恒温箱内处理 72h。（防病毒病，对细菌及真菌病害也有效）

5.3.1.2 温汤浸种

将辣椒种子在 5～6 倍的 50℃～55℃的温水中浸种 15min～

20min，不停地搅拌，直至水温降至 30℃止，继续浸种 4h～6h。（防疫病、炭疽病）

5.3.1.3　药剂浸种

a. 辣椒种子在 10％磷酸三钠溶液中浸种 20min～30min，或 0.1％高锰酸钾液中浸种 20min 后。捞出冲洗干净。（防病毒病）

b. 将种子在冷水中预浸 10h～12h，再用 1‰硫酸铜溶液浸种 5min，或 72.2％普力克水剂 800 倍液浸种 30min，后冲洗并晾干。（防疫病和炭疽病）

5.3.1.4　催芽

将经处理后的种子置 25℃～30℃下保温保湿催芽。

5.3.2　营养土配制

用 3～5 年内未种过茄科蔬菜的熟土或风干后的稻田土、河塘泥 7～6 份与充分腐熟并筛细的有机肥 3～4 份混合做育苗营养土。并按营养土质量的 0.1％～0.2％加入过磷酸钙。

5.3.3　床土消毒

5.3.3.1　药剂消毒

选用适宜无害化生产的苗床消毒剂。如 50％多菌灵可湿性粉剂与 65％代森锌按 1：1 混合后，每平方米苗床用药 8g～10g 与 20kg 半干细土混合，播种时 1/3 铺苗床中，2/3 盖在种子上。

5.3.3.2　高温消毒

夏季高温季节密闭棚室 7d～10d，可杀灭土壤中部分病原菌，对猝倒、立枯、枯萎病等多种病害有预防作用。

5.3.4　育苗方式

根据条件和栽培目的，选用温室或塑料棚冷床或温床育苗。宜采用穴盘、营养钵、纸袋等护根措施。

5.3.5　适期播种

a. 春早熟栽培：9 月下旬至 10 月上中旬，塑料棚冷床育苗；12 月中下旬温床（酿热、电热线）育苗。

b. 秋辣椒栽培：7 月上中旬用遮阳网、营养钵、营养土块育苗。

    c. 干制辣椒：1月下旬至2月中旬，塑料棚冷床育苗。

5.3.6　播种量

通常每 667m² 栽培面积需用种子 50g～100g。每平方米苗床播种 5g～10g。

5.3.7　加强苗期管理，培育适龄壮苗

5.3.7.1　辣椒苗出土前、后的温、湿度管理，间苗、分苗、炼苗按常规育苗技术进行。注意立枯、猝倒、灰霉病的防治。

5.3.7.2　适龄壮苗：生理苗龄 8～14 片真叶，日历苗龄 60d～120d。直观形态特征：生长健壮，高度适中，茎粗节短；叶片较大，生长舒展，叶色正常，浓绿；子叶大而肥厚，子叶不过早脱落或变黄；根系发达，尤其是侧根多，色白；秧苗生长整齐，既不徒长，也不老化；无病虫害；用于早熟栽培的秧苗带有肉眼可见的健壮花蕾。

5.4　定植

5.4.1　土地准备

    a. 秋冬季节将土壤深翻 25cm～30cm 炕土，改良土壤物理结构和杀灭土中病虫。

    b. 盛夏季节清除大棚内前茬作物的残株烂叶，病虫残体，土壤深翻后密闭 7d～10d 进行高温闷棚消毒。

5.4.2　基肥

结合整地施足基肥。每 667m² 施腐熟有机肥 3 000kg～5 000kg，过磷酸钙 50kg～100kg，硫酸钾 20kg～30kg。或施用复合肥和生物肥。采用撒施、条施、穴施等方式。

5.4.3　栽培方式

无论露地还是大棚均宜采用地膜覆盖高垄栽培。

5.4.4　适时定植，合理密植

露地定植：3月上中旬地温稳定通过 12℃时为移栽适期。

大棚定植：2月份 10cm 处地温稳定通过 10℃可定植。

根据不同品种、栽培方式、栽培目的和土壤肥力合理密植。一般密度每 667m² 种 3 000～4 000 窝。每窝 1～2 株。

5.5 定植后管理

5.5.1 追肥

5.5.1.1 施肥原则：符合 DB 51/338 中的规定。重施底肥，合理追肥。以有机肥为主，控制氮肥用量，增施磷钾肥。允许限量使用化肥，不允许使用硝态氮肥和含硝态氮的复合（混）肥以及以造纸废液废渣为原料生产的有机肥和有机复合肥、有害垃圾和污泥、未经腐熟的人畜粪尿和饼肥。

5.5.1.2 按不同生育期和传统经验追肥。

中等肥力条件下施肥管理如下表。

生育期	肥料种类、施用浓度和每 667m² 用量	次数
定植至现蕾	15%～20% 腐熟人畜粪尿 1 000kg～1 500kg	1
开花至第一次采果	20%～25% 腐熟人畜粪尿 1 500 kg～2 000kg 加 5kg 尿素	1
结果盛期（第二次采果）	30%～40% 腐熟人畜粪尿 2 500kg～3 000kg 加 3kg～4kg 硫酸钾或复合肥 30kg	1（第二次采果以后每采收 2 批果追 1 次肥）

5.5.2 灌水

灌水水质应符合 DB 51/336 的要求。滚水方法可用浇灌、沟灌，提倡喷灌、滴灌，禁止大水漫灌。栽培过程中不同生育期的水分管理，按常规管理进行。

5.5.3 田间其他管理

及时整枝打杈，摘除枯黄病叶，立支架，中耕除草，培土上厢，适度通风等。

5.6 病虫害防治

5.6.1 农业防治

选用抗病虫品种；培育适龄壮苗；严格实施轮作制度；采用

高垄地膜覆盖栽培；合理密植，科学施肥和灌水，培育健壮植株，促早封垄；清洁田园，深翻炕土，减少越冬虫源；及时摘除病叶、病果，及时拔除病株，带出田间或棚室外烧毁或深埋。

5.6.2 物理防治

盛夏棚室密闭高温消毒；田间悬挂黄板诱杀防蚜虫、白粉虱、美洲斑潜蝇等；糖醋液诱杀小地老虎；频振式杀虫灯诱杀害虫；田间铺银灰膜或悬挂银灰膜条驱避蚜虫；覆盖防虫网防虫防病；人工摘除害虫卵块和捕杀害虫。

5.6.3 生物防治

保护利用自然天敌如瓢虫、草蛉、蚜茧蜂等对蚜虫自然控制。Bt乳剂、阿维菌素等防治棉铃虫、烟青虫。积极推广植物源农药、农用抗生素、微生物农药等防治病虫。

5.6.4 化学防治

加强病虫害的预测预报，及时掌握病虫害的发生动态，选用生物制剂或高效、低毒、低残留农药，采用适当施用方式和器械进行防治。严格按照 GB/T 8321 和 DB 51/337 规定执行。主要病虫害与部分推荐农药品种见附录 A。

6 采收及采收后处理

6.1 采收

根据市场需求和辣椒商品成熟度分批及时采收。采收过程中所用工具要清洁、卫生、无污染。

6.2 采后处理

采后剔除病、虫、伤果，有泥沙的要清洗，达到感观洁净。清洗水应符合 DB 51/336 中加工用水要求。根据大小、形状、色泽进行分级包装。包装贮存容器要求光洁、平滑、牢固；无污染、无异味、无霉变，避免二次污染。包装技术按照 GB/T 10158 和 GB 7718 执行，使产品符合 DB 51/335 要求。

6.3 清洁田园

将残枝败叶、杂草及农地膜清理干净，集中进行无害化处理，保持田园清洁。

附录 A

无公害辣椒生产主要病虫害及部分推荐农药

病虫害名称	防治指标（适期）	推荐药剂及使用剂量	安全间隔期
猝倒病	发病初期	72%克露可湿性粉剂 600 倍液 69%安克锰锌可湿性粉剂 800 倍液 64%杀毒矾可湿性粉剂 500 倍液	≥7 ≥3
立枯病	发病初期	75%百菌清可湿性粉剂 800 倍液 5%井冈霉素水剂 1500 倍液	≥10
灰霉病	发病初期	50%异菌脲（扑海因）可湿性粉剂 1 000 倍液 50%腐霉利（速克灵）可湿性粉剂 2 000 倍液 棚室： 10%速克灵烟雾剂（0.3g/m³）熏烟 5%百菌清粉尘剂 1kg（667m² 用量） 6.5%甲霉灵粉尘剂 1 kg（667m² 用量）	≥7 ≥7 ≥7 ≥7 ≥10
疫病	发病初期或发现中心病株时	58%甲霜灵锰锌可湿性粉剂 500 倍液 75%百菌清可湿性粉剂 600 倍液 69%安克锰锌可湿性粉剂 1 000 倍液	≥10 ≥10
炭疽病	发病初期	80%炭疽福美可湿性粉剂 800 倍液 75%百菌清可湿性粉剂 800 倍液	≥10
病毒病	发病初期	2%宁南霉素水剂 200 倍液 20%病毒 A 可湿性粉剂 500 倍液 1.5%植病灵乳剂 1 000 倍液	
青枯病	发病初期（灌根）	30%琥胶肥酸铜可湿性粉剂 400 倍液 25%络氨铜水剂 500 倍液	≥3
蚜虫	有蚜株率达 20%时	10%吡虫啉可湿性粉剂 1 500 倍液 50%抗蚜威可湿性粉剂 2 500 倍液	≥7 ≥11
茶黄螨	害螨点片发生（株螨率达 5%）时	10%浏阳霉素乳油 1 000～1 500 倍液 1.8%阿维菌素乳油 5 000 倍液 73%克螨特乳油 1 000～1 200 倍液	≥7 ≥30
烟青虫、棉铃虫	卵孵化盛期至 2 龄盛期	1.8%阿维菌素乳油 3 000 倍液 Bt 乳剂 200 倍液	≥7

　　注：如有适宜无公害辣椒生产的高效、低毒、低残留新型生物、化学农药，应优先选用。

参 考 文 献

柴敏，耿三省．2006．特色番茄彩色甜椒新品种及栽培技术．北京：中国农业出版社．

吕佩珂，李明远，等．1998．中国蔬菜病虫原色图谱．北京：中国农业出版社．

屈小江．2001．茄果类蔬菜栽培技术．成都：天地出版社．

屈小江．2006．茄果类蔬菜高效益栽培技术．成都：天地出版社．

屈小江．2009．蔬菜多茬立体栽培百问百答．北京：中国农业出版社．

屈小江，杨莉．2008．蔬菜栽培实用技术．成都：四川教育出版社．

屈小江，杜晓荣，潘绍坤．2010．夏秋茄子丰产高效益栽培．吉林蔬菜（4）：14-15．

宋元林，焦民赤．2000．蔬菜多茬立体周年栽培手册．北京：中国农业出版社．

张福墁．2001．设施园艺学．北京：中国农业大学出版社．

赵思峰．2010．加工番茄高产优质栽培技术．北京：中国农业出版社．

中国标准出版社第一编辑室．2002．无公害食品标准汇编：蔬菜卷．北京：中国标准出版社．

中国农业科学院蔬菜花卉研究所．2010．中国蔬菜栽培学．2版．北京：中国农业出版社．

邹学校．2004．中国蔬菜实用新技术大全：南方蔬菜卷．北京：北京科学技术出版社．